これが解けたら気持ちいい！

大人の算数脳パズル なぞペ〜

高濱正伸（花まる学習会代表）
川島慶（花まる学習会）

草思社

はじめに

この本は、大人のための算数パズルです。でもなぜ、大人が算数パズルに取り組む必要があるのでしょうか？

第一に、算数はとても楽しいからです。大人の方に算数を解く快感を思い出し、またはあらためて知り、算数好きになってもらいたいと願って、私たちは本書を著しました。算数とは言っても、ただの計算などはありません。「算数で扱う思考力」が本書のテーマです。考えに考え抜く算数の良問に触れ、考え抜くって本当に楽しいと、大人のみなさんに再認識してほしいのです。なぜなら、そのこと自体が人生を豊かで彩りのあるものにしてくれるからです。

第二に、本書の問題を解くことは思考力を刺激し、自分で考えたいという意欲を強くすることにつながるからです。社会で通用するたくましい思考力を持っている人を研究すると、「考えなければならないから考えている」のではなく、「自分で考え抜くことが面白い」と信じていて、その結果として思考力を発揮していることが一番の特徴だとわかります。本書の問題は、解いてみればすぐわかりますが、考え抜いて解けたときの喜び・快感が大きくなるよう工夫された、選りすぐりの良問です。良問に触れ、味わうことをきっかけとして、考えることが以前よりずっと楽しく感じられるようになるでしょう。

第三に、大人が算数パズルに取り組むことは、次世代の子どもたちのためにもなります。人間が何かを創造し生み出すのは、学問にせよ仕事にせよ、煎じ詰めればすべて「次世代の人間を育て豊かにするため」ですが、この本もそのためになればと書きました。「大人たちが算数の楽しさを満喫すれば、次世代を担う子どもたちも楽しさを味わえる人になる。それは彼らの考える力をたくましくすることにつながり、将来を輝かせることになる」と信じますし、私は実際にそういう親子をたくさん見てきました。

先に述べたように、たくましい思考力を持っている人は、「自分で考え抜くことが面白い」と信じています。子どもたちにもそうなってもらうには、何よりも問題を考え抜いて「あ、わかった！」というひらめきの体験（私はこれを「わかっちゃった体験」と呼んでいます）をさせることが必要です。そして、それを最も力強く応援することになるのは、まわりにいる大人が考え抜く姿・楽しそうに考え続ける姿を見せることなのです。子どもは大人のお説教は聞かないかも知れませんが、大人の行動はしっかりと見ています。大人が楽しそうだと、自分もそうしたいと願います。

電車の中でも食卓でも、この本を手に問題をずーっと考え抜き、「あ、わかった！」と嬉しそうにする大人の方が一人でも増えてくれ、子どもたちの未来の力につながれば幸いです。

2013年3月

花まる学習会代表　高濱正伸

contents

この本の使い方

私はこれまでに『考える力がつく算数脳パズル　なぞぺー①②③』をはじめとして、小学生のための算数パズル「なぞぺー」シリーズを数多く著してきました。「なぞぺー」シリーズの最大の目的は、問題を楽しみ、解けた喜びを味わうことで「考えること」を好きになってもらうことです。本書『これが解けたら気持ちいい！　大人の算数脳パズル　なぞぺー』も、大人向けではありますが基本はまったく同じで、考えることの楽しさを味わっていただくことを最大の目的としています。

1 本書の構成と楽しみ方

本書は、15ページからはじまる「問題」と問題の裏側のページにある「解き方の方針」、途中に挿入されている「算数脳コラム」、巻末にある「問題の解説」の４つから構成されています。

問題について

問題には難易度を示す☆による５段階評価がついています。最初から解いていくとだんだん難しくなるように、まただんだんと思考力問題の基本的な取り組み方を学んでいけるように問題を配置しましたが、好きなページから解き進めても構いません。

各問題には、思考力を８つに分けた「考える力」のどれがとくに求められているかを記載しています。私は数理的思考力の鍵は「見える力」と「詰める力」の２つに凝縮できると分析していて、それぞれをさらに4つに分類しています。

「見える力」

a 図形センス：必要な線だけを選択的に見る力や、無い線（補助線）が見える力など。

b 空間認識力：頭の中で、三次元の立体などをクルクル回したり、切ったり、展開したり、いろんな方向から自由に眺めたりできる力。

c 試行錯誤力：手を動かして考える力。イメージ力の豊かさを基盤に、図や絵を描いて、突破口を見つける力。

d 発見力：アイデアやひらめきが頭に浮かぶ力。

「詰める力」

e 論理性：基本的な論理の第一歩の課題を踏み誤らない、正確な論理力。

f 要約力：「煎じ詰めれば要するにこういうことだ」と問題文の意図をつかみ取る力。

g 精読力：漫然とした読書などと違って、一字一句間違いなく読み取る、精密に読む力。

h 意志力：「どうしても最後まで解ききるぞ」、「自分の力でやり通すぞ」と、こだわれる意志の力。

※これら8つの力について、詳しくは拙著『小3までに育てたい算数脳』（健康ジャーナル社）をご覧ください。

本書の問題を解くことで、これらの考える力を直接伸ばすというよりも、考える視点を身につけること、思考力を刺激することによって、本書のパズルや算数そのもの、ひいては「考えること」を楽しむことが目的です。すべての問題が解ける必要はありません。解けなかった問題は、「解き方の方針」「問題の解説」を読んで解き方の筋道を追うだけでも、問題の面白さを味わうことができるでしょう。とくに☆が5つの問題は、算数で解ける思考力問題としては最高峰の問題群です。

解き方の方針、解説について

各問題の裏ページには、「解き方の方針」があります。問題の背景の説明、「要するに、こうやって解けば解ける」という考え方までを記しています（答えはここには書いてありません）。問題文を読んだだけでは解けない場合、あるいは解くために立てた方針が正しいかどうか確認するために、読むページです。ページの下部には「問題はどこにある？」という見出しで囲んだコメントがあります。「出題者の視点」を紹介するなど、問題をより深く味わうために着目してもらいたいことを書きました。また「問題はどこにある？」では、発展問題を出題することもあります。

「解き方の方針」で示した方策を使った実際の解法や答えは、巻末の「問題の解説」に書かれています。「問題はどこにある？」で出題された発展問題の解き方と答えも、ここに書かれています。

書斎などで鉛筆を片手に一問一問をじっくり試行錯誤しながら解くのが理想的な取り組み方ではありますが、電車の中や食卓でも本書を持ち歩き、ひたすら思考に没頭するというのも、とてもいい楽しみ方だと思います。

「算数脳コラム」について

算数をどう楽しんでいくか、その楽しみをどう次世代に伝えていくかについて書きました。是非ご一読ください。

2　重要な用語「場合の数」と「必要条件・十分条件」について

場合の数

いわゆる「何通り？」「すべてあげなさい」という指示がある数え上げの問題を総称する言葉です。これらは確率と密接な関係があります。場合の数の問題には「順列（ならべ方）」と「組合せ（選び方）」という言葉がたびたび登場するので、この2つの数え方の区別について簡単に説明します。

「順列が何通りあるか」には、その名の通り「ならび順」が問題になります。つまり［123］と［132］を別のものと考えるのが順列です。一方、「組合せ」を考えるときはこの2つを同じものと扱います。「組合せが何通りあるか」には「ならび順」は関係ありません。「1から5までの5つの数字の中から重複なく3つを使って3けたの数は何通りできるか」などといった場合はならび順が問題になるので「順列」です（答えは60通り）。「1番から5番のゼッケンをつけた5人の中から3人選ぶ選び方は何通りあるか」などといった場合はならび順は関係ないので「組合せ」です（答えは10通り）。どちらも3つ選びますが、3けたの数は例えば［124］と［241］は別の数なので区別する一方、［1番2番4番］の人を選ぶことと、［2番4番1番］の人を選ぶことは同じこととして区別しません。

必要条件と十分条件について

「必要条件」と「十分条件」という言葉もたびたび登場します。両者の言葉の本来の意味については本書第9問「誤解の多い話」の解き方の方針（p.34）に書きましたが、ここで説明したいのは「問題解法における必要条件」です。これは簡単に言ってしまえば、答えが満たしているべき条件のことで、問題文からこれを捜し出して答えの範囲を絞り込んでいくことが、問題を解くことにつながります。問題を解く上で面白いのは、多くの場合、この必要条件が出題者によって「隠されている」ということです。算数で良問と言われる問題では、その隠された必要条件に気づいたとき「そう来たか、でもよく考えてみれば実に合理的だ！」と快哉を叫びたくなるほどの喜びを感じます。必要条件の発見により、答えの候補が一気に絞り込まれたり、煩雑な場合分けが不必要であるとわかったりして、解答までの道筋がとたんに明るくなるからです。ですが、あくまで答えの範囲を絞り込んだだけですので、その範囲にあるものが答えとして本当にふさわしいかどうかは検証が必要です。この検証を「十分性（十分条件）を確かめる」と言います。本書の、「考え抜く」というテーマに対して、たびたび登場する概念ですので、読み進めながら理解していくとよいでしょう。

これが解けたら気持ちいい！
大人の算数脳パズル
なぞぺ〜

問題

探索はスマートに効率よく

1 変則○×ゲーム

★★★★★ 試行錯誤力

DATE: 　.　.

できた ■　できなかった ■

普通の○×ゲームとは逆のルールのゲームを考えましょう。この変則○×ゲームでは一列そろったら負けです。

先手が○、後手が×で、図1の①から⑨のどこかに交互に書き込んでいきます。自分の印が直線に3つ並んだら負けとなります。どちらも一列そろわなかったら先手（○）の勝ちとします。

例えば、図2のように進行した場合後手（×）の勝ちとなります。さて、このゲームは、両者が**最善の手**を尽くした場合、先手必勝のゲームでしょうか、後手必勝のゲームでしょうか。

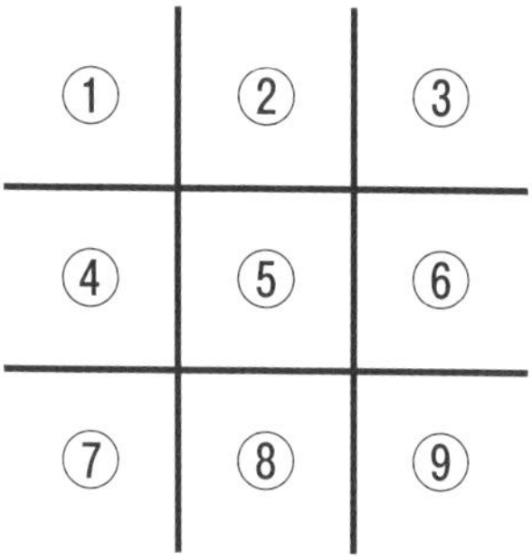

図1

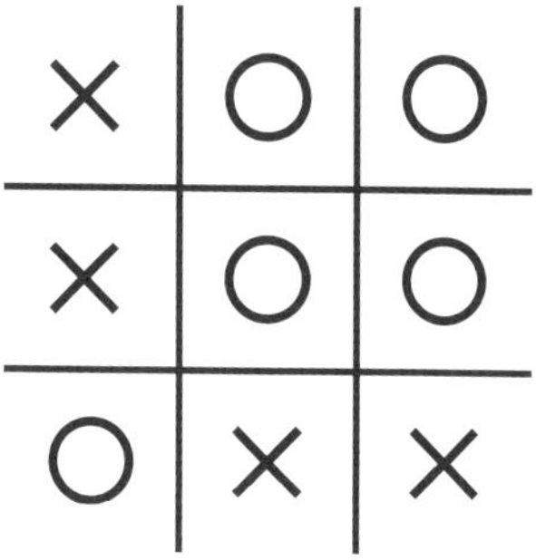

図2

解き方の方針　1　変則○×ゲーム

みなさんご存じの「○×ゲーム」もしくは「三目並べ」をアレンジした問題です。このようなゲームで**「最善の手を尽くす」**とは、**すべての場合を調べた上で、一番勝ちにつながる（負けない）手を選択する**、ということです。すべての場合を調べることになるので、ジャンルとしては「場合の数」の問題ですね。

すべての場合を調べるというと、場合の数は途方もないように思えますが、**「対称性」**を考えれば、先手の第1手として調べなければいけないのは次の3つに絞り込めます。対称性を手がかりにすれば、考慮しなければならない場合の数は狭められます。

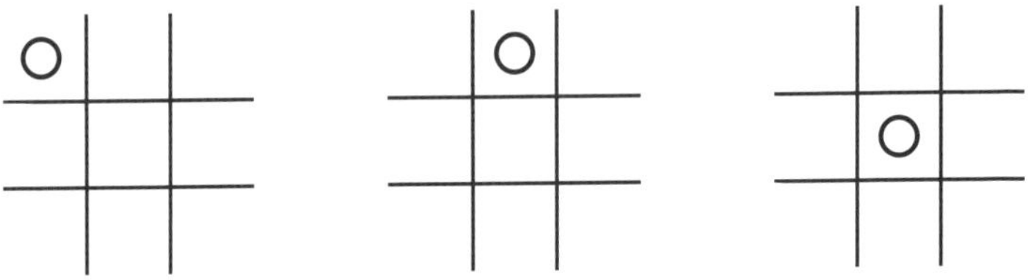

問題はどこにある

一般の○×ゲーム（三目並べ）は先手、後手ともに最善の手を尽くすと引き分けになりますね。

答えと解説はp.126にあります。

抽象的なほど問題は簡単になる!?

★★☆☆☆ 要約力

2 押せない!?

DATE:　.　.

できた■　できなかった■

下の図の９つのボタンは10cmずつ離れています。いま、10cmより多く離れているボタンは片手では同時に押すことができません。つまり、「1と4」や、「2と7」などは片手では同時に押せないということです。逆に10cm以内のボタンであれば片手で押すことができるので、「3」、「4と5」、「7と9」、「1と2と3」、「6と7と8」などは片手で同時に押すことができます。さて、今3つのボタンを同時に押そうとしたとき、両手を使っても押すことができないボタンの組み合わせは何通りありますか？

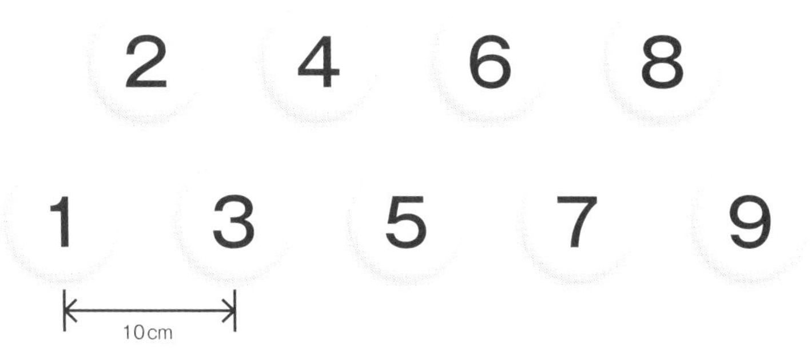

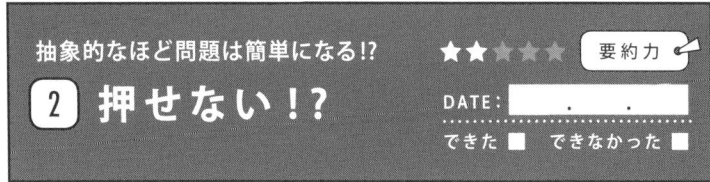

解き方の方針　②　押せない!?

場合の数の問題、いわゆる「何通り」問題の鉄則は、「漏れなく、重複なく」数え切ることです。場合の数の多くの問題に共通することですが、闇雲に数えるのではなく、「こう考えれば数え切れる」という基準を持つことが大切です。その数え方の基準を考える上で、この問題におけるポイントは、ずばり**「条件の言い換え」**です。この問題はかなり具体的な状況が書かれていますが、**抽象化していくことによって、考えるべき課題がシンプルに浮き上がります**。

10cm以内のボタン　→　となりあう3つのボタン

なので、**「数字の差が3以上のボタンは同時に押せない」**というように**条件を言い換え**られると、この問題は、「1から9までの数から、それぞれの差が3以上になるように3つ選ぶ組み合わせは何通り？」という問題に言い換えられます。

あとは、

（1, 4, 7）（1, 4, 8）（1, 4, 9）（1, 5, 8）…

というように左側が小さい数から調べていけば、答えが求まります。

問題はどこにある

「半径10cm以内の点」と無機質に表現するのでなく、「手で同時に押すことができる」という設定であることがこの問題を一層面白くしていますね。

答えと解説はp.127にあります。

身近なところにある確率の教材

3 ゆみちゃんの隣になる確率

★★☆☆☆ 発見力

DATE：　．　．

できた □　できなかった □

たかゆき君のクラスは40人で、ある日席替えをしました。席替えはくじびきで行われ、どこの席になる確率も同じです。席のならび方は図の通り。

たかゆき君にはゆみちゃんという好きな女の子がいます。席替えしたあと、たかゆき君がゆみちゃんの隣になる確率を求めてください。

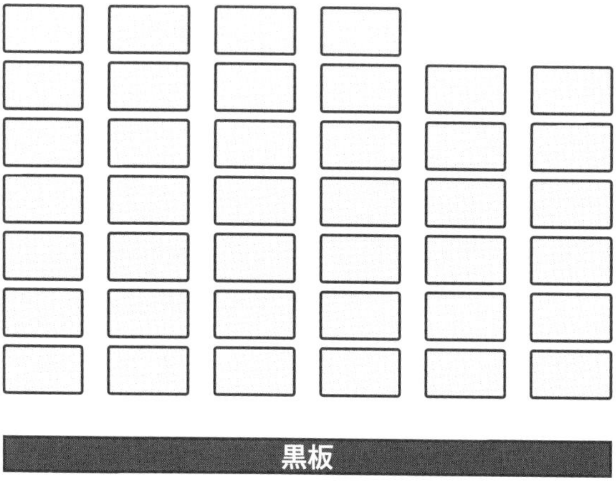

解き方の方針 3 ゆみちゃんの隣になる確率

この問題の最大のポイントは「たかゆき君が端になる場合と、そうでない場合とでは、ゆみちゃんが隣になる確率が違う」ことの発見です。

一般に、確率を考えるときには、事象が**「等確率根元事象」**かどうかを考慮する必要があります。例えばサイコロ2つを振ったとき、出目の組合せ［1, 1］と［1, 2］の確率は同じでしょうか。実は［1, 1］は1/36、［1, 2］は1/18と、確率は異なります。つまり、この2つのうち「［1, 2］という出目の組合せ」は等確率根元事象ではないのです（組合せだけでなく順列も考慮して［1, 2］と［2, 1］という2つの事象に分ければ、等確率根元事象になる）。

今回の問題では、たかゆき君が下図のグレーに塗った席になったときとそうでないときで、隣にゆみちゃんがくる確率は異なる（等確率でない）ので、場合分けする必要があります。

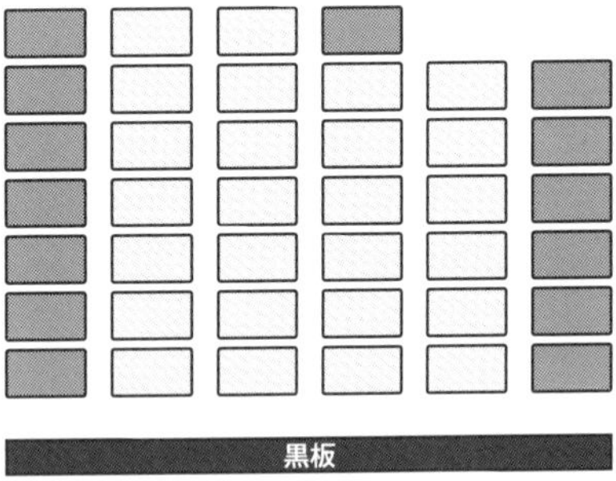

問題はどこにある

「場合の数」「確率」で求められる力を伸ばすには、身近な現象から自分が知りたい事象が起こる場合の数や確率を計算してみるのがいちばんです。確率を知らない小学生用にアレンジするのであれば、「席替えをしたあと、たかゆき君がゆみちゃんの隣になれる場合は何通りありますか？」とすればよいでしょう。

答えと解説はp.128にあります。

きちんと数え上げることの大切さ

4 変則トーナメント

★☆☆☆☆ 要約力

DATE:　　.　　.

できた■　できなかった■

ある年のオリンピックのソフトボールでは、まずグループリーグ予選で総当たり戦をしたあと、図のようなトーナメント戦を行い優勝国を決めることになりました。

トーナメントには予選の順位の順番に左からすべてのチームが配置されます。今、グループリーグまで終わって順位が下の表に出ています。優勝する可能性はどの国にもありますが、グループリーグとトーナメントを合わせて最も少ない勝利数で優勝する可能性があるのはどの国ですか。

順位	国名	勝ち数	負け数
1	米国	7	0
2	日本	6	1
3	オーストラリア	5	2
4	カナダ	3	4
5	台湾	3	4
6	中国	2	5
7	ベネズエラ	1	6
8	オランダ	1	6

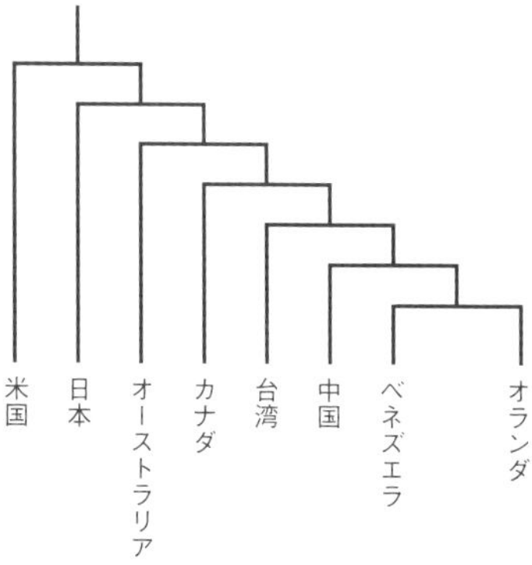

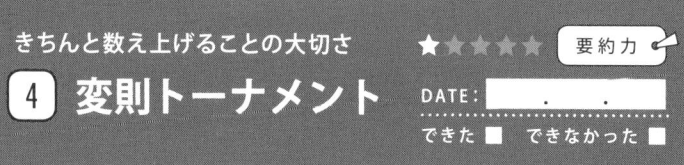

解き方の方針　4 変則トーナメント

必要な情報を整理することが唯一のポイントです。必要合計勝利数を最終的には知りたいので、トーナメントで勝たなければいけない回数を表にまとめました。

順位	国名	勝ち数	トーナメント	合計勝利数
1	米国	7	1	
2	日本	6	2	
3	オーストラリア	5	3	
4	カナダ	3	4	
5	台湾	3	5	
6	中国	2	6	
7	ベネズエラ	1	7	
8	オランダ	1	7	

合計勝利数を計算して答えましょう。

問題はどこにある

かつてのオリンピックを素材に作られた問題ですね。発展問題として次のようなものを考えてみましょう。

【発展問題】

総当たり戦の勝敗がまったく決まっていないとき、優勝に必要な最小の合計勝利数は何勝でしょうか？　総当たり戦に引き分けはなく、また、勝ち数が同じ場合は、得失点差で順位が決まることとします。

答えと解説はp.129にあります。

大量の手がかりの扱い方

5 カワシマ君の出席番号は？

★☆☆☆☆ 精読力

DATE:　　.　　.

できた ■　できなかった ■

3年A組の席の配置は出席番号順に下の図のようになっています。出席番号順は苗字の50音順（アイウエオ順）で1番からついています。

黒板を向いてカワシマ君の右後ろにウチヤマ君がいます。出席番号順ではクロモト君の次はコダマ君なのですが、ふたりの席ははなれています。

タカハシ君の出席番号は28番です。黒板を向いてクロモト君の左前がスズキ君です。苗字が「ア」「イ」「ウ」「エ」「オ」のどれかで始まる人は9人います。ウチヤマ君の横の列には、今までに苗字が挙がった人（カワシマ君やクロモト君など）がいません。カワシマ君の横の列には、今までに苗字が挙がった人がいます。

さて、カワシマ君の出席番号は何番でしょうか。

8	16	24	32	40	48	8列目
7	15	23	31	39	47	7列目
6	14	22	30	38	46	6列目
5	13	21	29	37	45	5列目
4	12	20	28	36	44	4列目
3	11	19	27	35	43	3列目
2	10	18	26	34	42	2列目
1	9	17	25	33	41	1列目

黒板

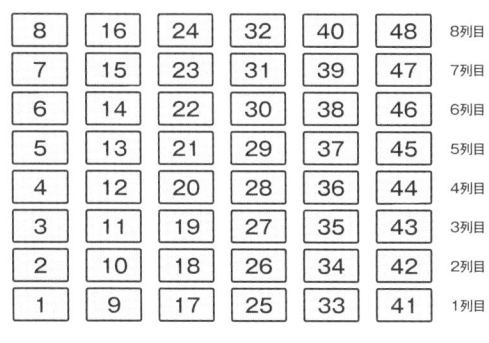

解き方の方針 5 カワシマ君の出席番号は？

「大量の情報を整理できるか」を問う問題です。この手の推理問題の定石は、「確定できるところは確定した上で、次の一手は極端なところ（情報量の多いところ）から」です。

まず、確定できるところから見ていきましょう。タカハシ君の28番が決まっています。

次の決定的な記述が、「出席番号順ではクロモト君の次はコダマ君なのですが、ふたりの席ははなれています」です。言い換えると、クロモト君が一番後ろで、コダマ君が一番前、ということですね。

問題はどこにある

一つ一つ条件を反映させていけばいいので大人は得意な問題ですが、小学生は算数が得意な子でも意外に時間がかかる問題です。

答えと解説はp.130にあります。

思考力問題にも方略はある

★★★☆☆　発見力

6 斜め線

DATE: 　.　.

できた □　できなかった □

1	2	3	4	5	6	7
8	9	10	11	12	13	14
15	16	17	18	19	20	21
22	23	24	25	26	27	28
29	30	31	32	33	34	35
36	37	38	39	40	41	42
43	44	45	46	47	48	49

左のような表があります。ここに斜めに1本直線を引くことで、これらの中から数を選ぶことを考えます。このように選んだ数のすべての和が7の倍数になる組合せは全部で何通りあるかを求めてください。

ただし、斜め線とは下図のようにマスの対角線を結ぶもののみで、縦1列、横2列などといったように引くものはNGとします。また、線はグレーに塗られたマスのいずれかから反対側のグレーのマスまで引かれるものとし、途中で止めることはできません。左右どちらから斜めに引いてもよしとします。例えば3→11→19→27→35などはOKです。

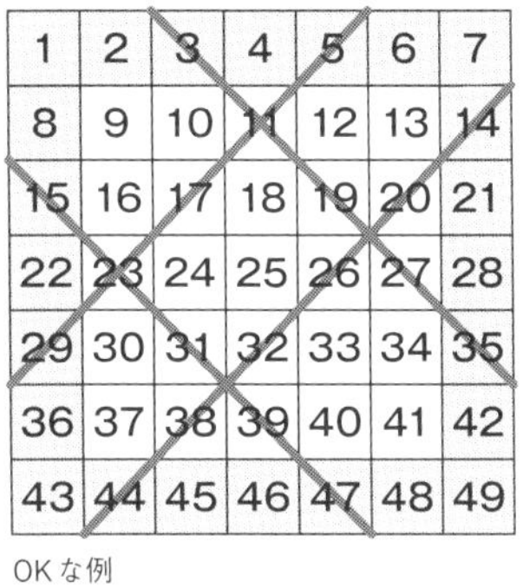

OKな例

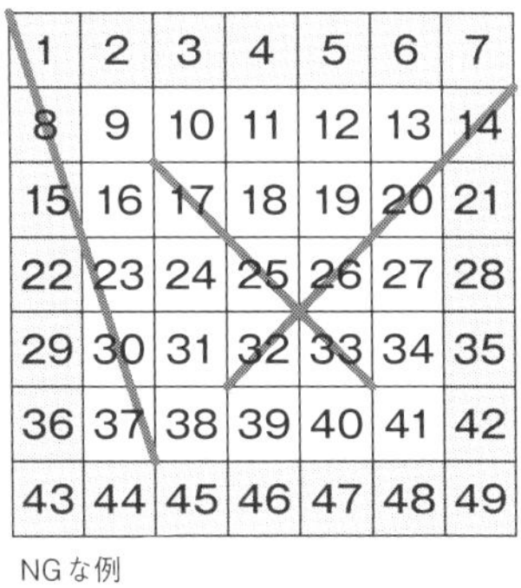

NGな例

解き方の方針　⑥ 斜め線

このような**「整数問題」**は思考力問題の典型で、解き方のマニュアルは存在しません。しかし、**アプローチの仕方は「余り」「約数倍数」「素因数分解」「桁数」「一の位」にほぼ限定されます**。実社会での諸問題に当たる上でも、過去の事例をもとに**発想を類型化しておくと格段に取り組みやすくなります**。

今回の問題では、「余り」がポイントとなりますが、アプローチ方法が上記のどれかであると考えながら試行錯誤することで問題の糸口に気づきやすくなります。

例えば、図のように直線を引いたとしましょう。これを3＋11＋19＋27＋35…というように捉えてしまうと、本質に気づきにくいですが、7で割ったときの「余り」という視点があると、11は4に、19は5に…といったように置き換えられます。

1	2	3	4	5	6	7
8	9	10	11	12	13	14
15	16	17	18	19	20	21
22	23	24	25	26	27	28
29	30	31	32	33	34	35
36	37	38	39	40	41	42
43	44	45	46	47	48	49

3＋11＋19＋27＋35

≡3＋4＋5＋6＋0

と置き換えられることに気づくと、考えるべき課題がシンプルに浮き上がります。

問題は どこにある

「自然数同士の足し算、引き算、かけ算の結果をある数で割ったときの余りの数」は、「もとの自然数をその数で割った余り同士の足し算、引き算、かけ算の結果の余りの数」と同じになります。（※割り算が入ると成立しません）

答えと解説はp.131にあります。

立体問題のための発想の体系化

★★☆☆☆ 空間認識力

7 十字切り抜き

DATE:　　.　　.

できた ■　できなかった ■

小さな立方体を下の図のように、たて5個、横5個、高さ5個の大きな立方体になるよう積み重ね、すべてを接着剤でくっつけました。

そのあと、正面と横から、図のように十字の形になるよう、反対側までトンネルをくりぬきました。

さて、このときくりぬかれたのは、小さな立方体何個ぶんでしょうか。

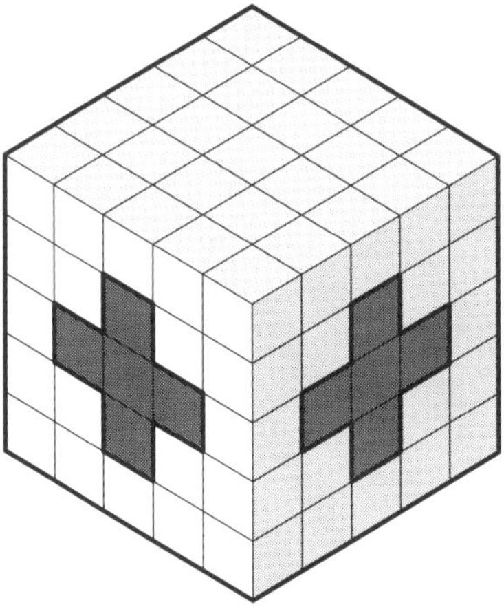

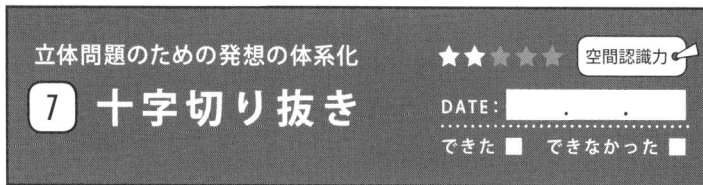

解き方の方針 7 十字切り抜き

立体問題も、頭の良さを見抜く問題として、最も出題される分野です。拙著『小3までに育てたい算数脳』（健康ジャーナル社）に記した通り、立体問題を理屈なく解いてしまうような直観的な空間把握力＝「見える力」が育つのはおおむね小学3年までで、それ以降は伸ばすのが困難です。ではそれ以降の子や大人はどうしたらいいでしょう。花まる学習会では、高学年からは思考力問題に対する**「発想の体系化」**を指導しています。

すなわち、**「空間は平面で考える」**よう教え、その平面への落とし込み方として、**見取り図、断面図、投影図、展開図の4種類を試す**よう指導しています。

本問題では、断面図があてはまります。たとえば、下から2段目の断面図を描くと、右下の図のようになります。くりぬかれた立方体を黒く塗っています。この要領ですべての段の断面図を描くと、立体を立体としてとらえるよりはるかに取り組みやすくなります。

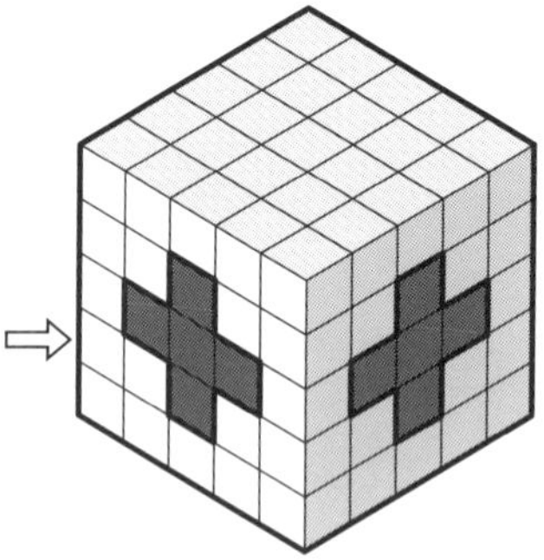

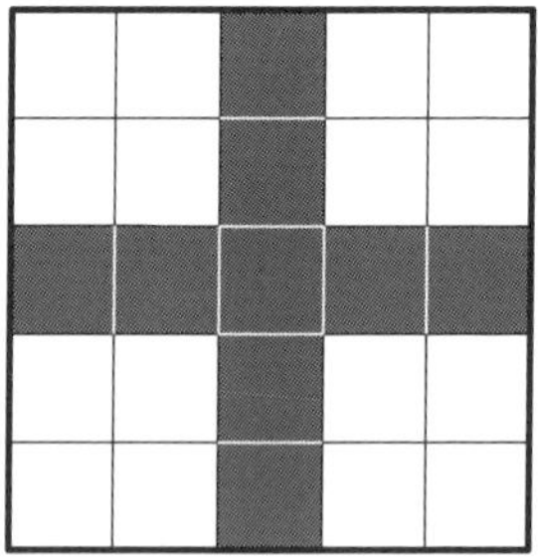

問題はどこにある

小学校高学年で身につけるべき能力とは何か、またそれを育む授業がどのようなものかを講演などで保護者に説明するとき、私はこの問題を例として頻繁に使います。

答えと解説はp.132にあります。

倍数約数の性質を活用できるか

8 ベルトコンベアーとカード

★★★★★ 発見力

DATE: . .

できた ■ できなかった ■

図のように8の字形で立体的に交差するベルトコンベアーがあります。その上を1から17までの数字が書かれたカードが小さい順に等間隔で1枚ずつ回っています。 あるカードが8の字の中心に来たとき、左右の2つの輪の部分にある8枚のカードの総和は、ともに中心のカードの倍数となりました。中心のカードとして考えられる数をすべて答えてください。

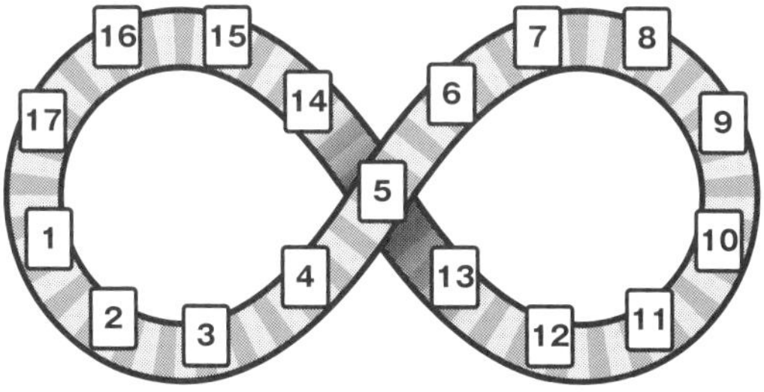

解き方の方針　8　ベルトコンベアーとカード

ベルトコンベアー上のカードの数は基本的に1ずつ増えていきますが、17と1の間は例外で、ここにはいわば「つなぎ目」があると考えられます。このことが問題を複雑にしています。1つの条件が問題を複雑にして解きづらくなっているときの解決策としては、

複雑な条件を場合分けして整理する

複雑な条件を考えないですむ発想を考える

この2つが考えられます。今回の問題では、後者です。具体的には、左右にできる**2つの輪のうち、つなぎ目がない方を考えればすむのではないか、という発想**です。

つなぎ目がない方の8枚のカードは連続する8つの数なので、その和は簡単に計算できます。そして、この問題の核心は、**左右それぞれの輪のカードの和がともにnの倍数となるとき、全カードの総和もnの倍数となる**ことに気づくことです。したがって、つなぎ目がある方の和を計算する必要はありません。

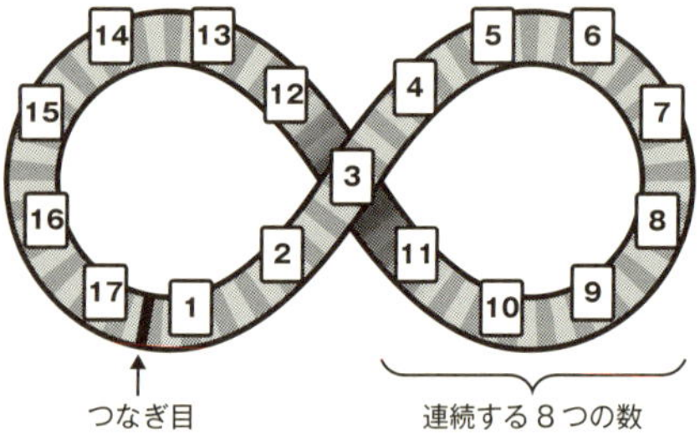

問題はどこにある

約数や倍数にはいろいろと面白い性質があります。例えば、「220と121の最大公約数を求めること」は、「220と121の差である99と121の最大公約数を求めること」と同じです。このことを利用した任意の2つの整数の最大公約数を求めるアルゴリズム、「ユークリッドの互除法」が知られています（詳細は、拙著『考える力がつく算数脳パズル　整数なぞペー　小学4〜6年編』（草思社）に記しています）。

答えと解説はp.133にあります。

論理的思考の基礎の基礎

★☆☆☆☆ 論理性

9 誤解の多い話

DATE:　　.　　.

できた■　できなかった■

６枚のカードがあります。表にはアルファベット、裏には動物が描いてあります。さて、「犬の裏はＢ」ということが正しいとわかるためには、６枚のうち最低何枚のカードを裏返せばよいでしょうか。

解き方の方針 9 誤解の多い話

日常的な会話の中でも、論理に関する理解がない人がこの種の命題を誤解し、理屈に合わない発言をすることは少なくありません。「AならばB」という情報を「A＝B」と取り違える、つまりは**必要条件と十分条件の区別**がついていないことを言う人が多いのです。

「それが猫ならば動物である」という命題で考えてみましょう。猫であるためには動物であることが必要なので、**動物であることは猫であることの必要条件です**。また、動物であることを示すには猫であることを示すだけで十分なので、猫であることは動物であることの十分条件です。

このとき、**猫であることを示すには動物であることを示すだけでは十分でないので、動物であることは猫であることの十分条件ではありません**。「動物であることは猫であることの必要条件ではあるが、十分条件ではない」とはこのような意味です。

例えば、サッカーについて話しているとき誰かが「リフティングが上手な人は、キックがうまい」と言ったとしましょう。そこにこう反論する人がいます。「それは違うでしょ。リフティング10回もできないけど、キックが上手な人を私は知っているよ」。この反論が、論理的に破綻していることにお気づきでしょうか。

最初の発言者は「キックが上手な人は、リフティングが上手である」とは言っていません。「AならばB」という情報を「A＝B」という情報と混同しています。

以上の話をヒントに、考えてみてください。

問題はどこにある

最難関レベルのいくつかの高校の先生に話を聞いてみたところ、驚くことに、実際に数学の問題に当たる上で必要条件と十分条件の違いを正しく理解できている生徒は、多く見積もっても全生徒の半分以下であるとのことです。

答えと解説はp.134にあります。

良問の味わいを堪能する

★★★★☆ 発見力・論理性

10 1から26まで

DATE: 　.　.

できた ■　できなかった ■

立方体は見る方向によって、1つの面が見えたり、2つの面が見えたり、3つの面が見えたりします。図のように、立方体の各面に●印をいくつか描き込んだとすると、見る方向を変えることで見える●の数が変わります。あるやり方で●を配置したところ、見る方向を変えると1～26個のすべての個数の●が見えるようにすることができました。6つの面それぞれに、どのように●を描き込んだのでしょうか。

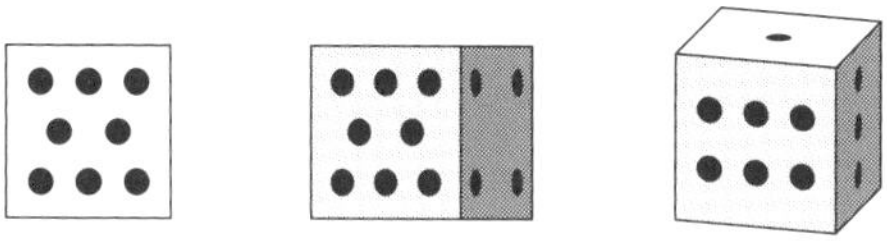

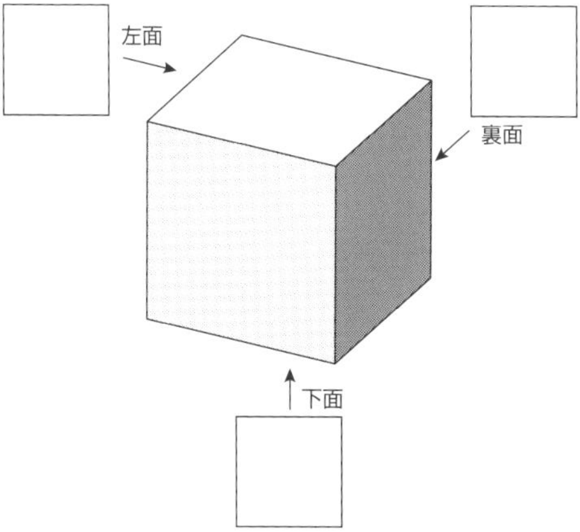

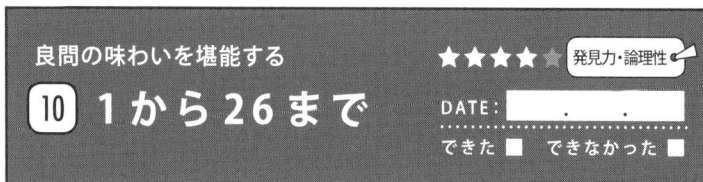

解き方の方針　10　1から26まで

この問題を解くには、**「1〜26個のすべての個数の●が見える」という表現をあやしいと見抜き、「じゃあ、そもそも何通りの見え方があるのだろう？」といった発想をする**ことが鍵となります。面の見え方を数え上げていくと、

1面見える見え方⇒面の個数分＝6通り
2面見える見え方⇒辺の個数分＝12通り
3面見える見え方⇒頂点の個数分＝8通り
⇒26通り

つまり1〜26の中に2通りの見え方で見えてしまう数が1つでもあると、26通りで見ることはできません。このことから**「2通り以上で見える数がない」というのが、この問題で最重要となる必要条件だとわかります。**そうすると「1」はどこかにないといけないことがわかります。これも必要条件です。「2」も1＋1によってつくられる可能性はないので必要です。ただ、ここですぐに1のとなりに2を配置した人は要注意。**「1」に対して、「2」をとなりに置くべきか、裏面に置くべきかは、試してみなければわからないのです。**ここから先は「場合分け」をして正解を探っていく必要があります。

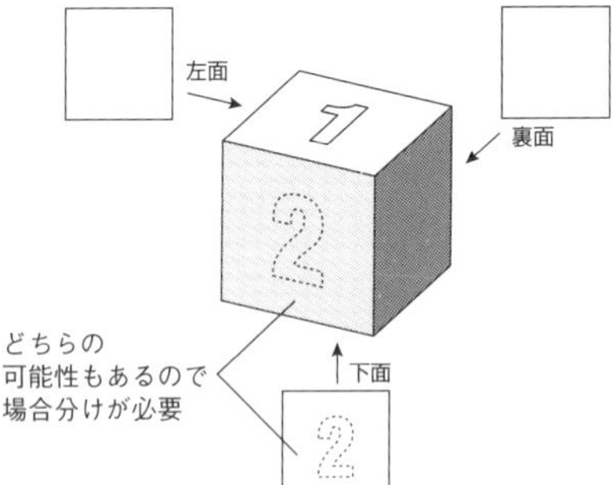

問題はどこにある

5年生、6年生を指導する際、最も大切にしている問題のひとつです。「筋のいい必要条件」と「場当たり的な試行で解けない場合分け」があることが良問の十分条件と言えます。

答えと解説はp.135にあります。

答えが絞り込まれていく快感

★★☆☆☆ 試行錯誤力

11 いちばん上の面は？

DATE:　　.　　.

できた □　できなかった □

6個のサイコロを積みました。重ね合わさる面どうしは、和が6になるようにしてあります（右下の図参照）。図のようにいちばん下のサイコロの側面に3の目が出ているということしかわかりません。いちばん上のサイコロの上面はいったい何の目になるでしょうか？

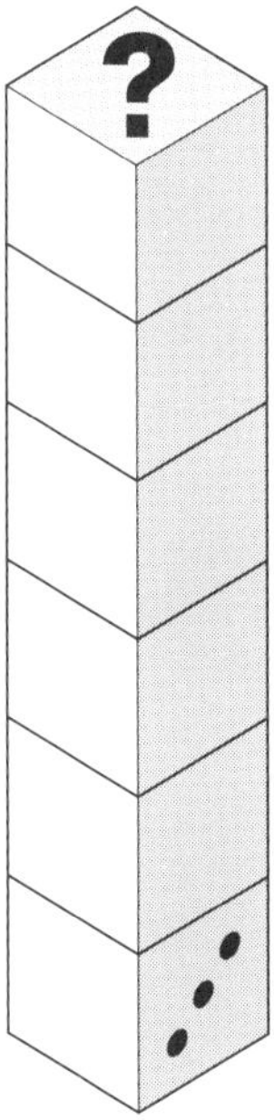

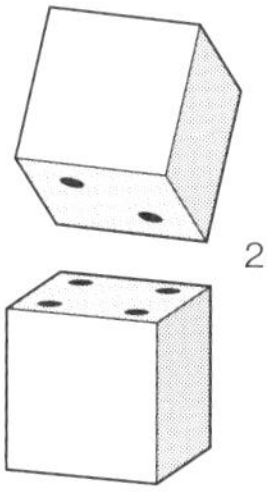

2＋4=6

解き方の方針　11　いちばん上の面は？

問題を見て、「え？　これだけの条件で本当に答えが求まるの？」と感じた読者も多いことでしょう。一見して条件が少なすぎる、と問題を解く人が感じる問題には問題作成者が仕掛けを用意しています。それは次の3通りが考えられます。

①隠された条件があり、実際には相当厳しい条件になっている。

②最大の時、最小の時、など極端なケースでしか成立しないような条件になっている。

③何をあてはめても成立する（問題で触れられていない変数に依存しない）。

今回の問題は①です。ご存じの通り、**サイコロは裏と表の面の和が7となりますが、それが隠れた条件になっている**のです。この条件に、「重なる面の和が合わせて6になる」という条件が加わると大変厳しい制約になります。

より具体的に考えていくと、**重なる面に6がくると、重なる2面の和を6にすることができない**ので、重なる面には6が使えないことがわかります。

いちばん下のサイコロは、側面に出ている3の裏面が4なので、上面はのこりの1, 2, 5, 6のどれかですが、6は先に述べた通り使えないので外れます。このように考えながら、それぞれについて実験してみてください。

問題はどこにある

たったこれだけの条件で答えが定まるという、この問題の味を噛みしめて欲しいですね。

答えと解説はp.136にあります。

立体問題を計算問題に変換する

★★★★★ 空間認識力

12 サッカーボール

DATE:　　.　　.

できた　できなかった

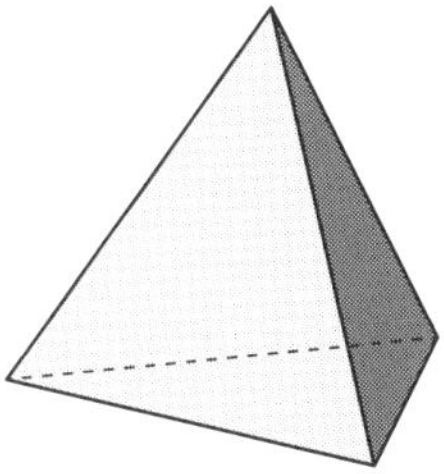

右図のような四面体の辺の数はいくつでしょうか。1つの面は三角形なので、1面につき辺が3本です。それを4倍すれば3×4＝12ですが、その場合、辺をそれぞれ2回ずつ数えたことになりますので2で割ります。12÷2＝6で、辺の数は全体で6本とわかります。

さて、ここで問題です。サッカーボールは通常、正五角形と正六角形を図のように規則正しく並べて作ってあります。正五角形は12枚ですが、正六角形は果たして何枚あるでしょうか？　四面体の問題をヒントに考えてください。

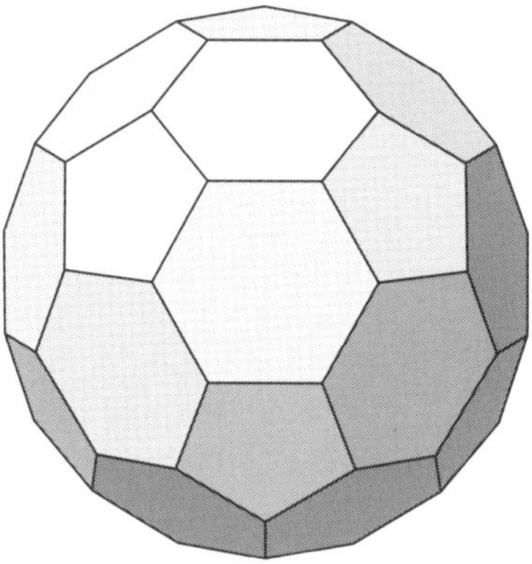

解き方の方針 12 サッカーボール

p.29「十字切り抜き」で**立体は平面で考える**、その平面への落とし込み方として、見取り図、断面図、投影図、展開図があることを記しました。この問題では展開図が当てはまります。

図はサッカーボールの展開図の一部を表したものです。正四面体の辺の数の例にならって考えるなら、**図の中心にある正五角形の周囲に正六角形が5枚あることに注目すればよさそうです。**

一方、1枚の正六角形の周りにある正五角形の枚数はいくつか、ということも重要でしょう。問題文によれば、正五角形は12枚です。以上のことを踏まえて正六角形の枚数を求めてみてください。

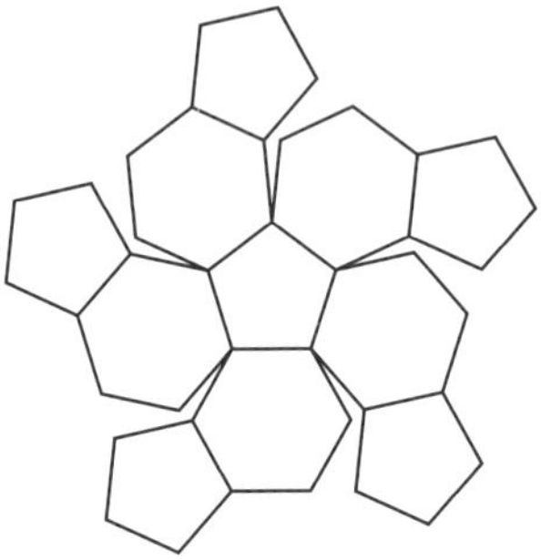

問題は どこにある

この問題では、正五角形の枚数を教えてくれていますが、実は正五角形の枚数がわからなくても、正五角形・正六角形の枚数は求められます。発展問題で考えてみましょう。

【発展問題】

オイラーの多面体定理、

E＝V＋F－2　(E：辺の数　V：頂点の数　F：面の数)

から、サッカーボールの正五角形と正六角形の数を求めてみましょう。

答えと解説はp.137にあります。

エレガント解法か、力技の解法か

★★★★★

発見力
試行錯誤力

13 虫食い算1

DATE:　　.　　.

できた■　できなかった■

この筆算を完成させてください。□には0~9の数字が入ります。

		2	□	□
×			3	4
	□	□	□	2
	□	□	□	
□	□	□	□	2

解き方の方針　13　虫食い算1

かけ算の虫食い算を解くアプローチとして注目すべき点は、

- 九九に現れる数
- 繰り上がり
- けた数
- あてはめ（場合分け）

の4つです。この中で、手数のかかる「あてはめ（場合分け）」はなるべく少なくしたいものですね。

この問題ではまず、けた数に注目して当てはまる数字を絞り込んでいきましょう。かけ算の答えが5けたの数になっているので、［200台の数］× 34 が10000以上 であることが言えます。このことから2□□は295以上であることがわかります。これで十の位は9に決まり、一の位の候補（5, 6, 7, 8, 9）が出ました。一の位を決めるには、かけ算の答えの一の位が2であることに注目して、4の段の九九に現れる数を考えるのが1つの解法です。

問題は どこにある

「あてはめ（場合分け）」をどんどん試すという力技でももちろん解けますが、条件をうまく使った絞り込みによって、美しく解けることの快感を得てほしいものです。

答えと解説はp.139にあります。

論理力問題の定番に挑む

★★☆☆☆ 論理性

14 嘘つきは何人？

DATE: . .

できた ■ できなかった ■

ここにA～Jの10人の人がいます。すべての人は、この中に嘘つきが何人いるかを知っています。今、「この中に嘘つきは何人いるか」と聞いたときの答えは以下の通りでした。

A「7人」　B「8人」　C「5人」
D「3人」　E「10人」　F「7人」
G「4人」　H「5人」　I「7人」
J「1人」

さて、嘘つきは何人いるでしょうか？

解き方の方針　14　嘘つきは何人？

嘘つきの問題は、論理的思考力を試す問題に多く使われますが、この問題に立ち向かう上で、最初に気づかなければならないポイントは、**「10人全員が発言している」**ということです。

ある人物が嘘つきでなく、言ってる内容が正しいとした場合、他の数字を言っている人はすべて嘘つきとなりますね。10人すべてが発言しているため、嘘つきでない人物が「n人」と言っている場合には、正直者は10－n人です。つまり、10－n人が同じ内容を発言していないと矛盾が生じてしまいます。逆に、**「n人」と発言している人が10－n人いる場合、それが真実であり、嘘つきはn人**となります。

問題は
どこにある

発展問題として私が理事を務めている算数オリンピックの問題を出題します。

【発展問題】

あるクラブにA君～K君の11人のメンバーがいます。この人たちは、いつも本当のことを言う人と、いつも嘘を言う人との2つのグループに分けられます。

ある日、先生が「11人のメンバーの中に、いつも嘘を言う人は何人いますか」とたずねました。

その日、J君とK君の2人は休んでいました。残りの9人のメンバーは、それぞれ次のように答えました。

A君「10人います」	B君「3人います」	C君「5人います」
D君「7人います」	E君「6人います」	F君「6人います」
G君「11人います」	H君「10人います」	I君「4人います」

さて、このクラブの11人のメンバーの中には、いつも嘘を言う人は何人いるでしょうか。

〔算数オリンピック予選　1996年〕

答えと解説はp.140にあります。

カレンダーは整数問題の宝庫

15 ゴールデンウィーク

★★★★★ 要約力

DATE:　　.　　.

できた ■　できなかった ■

2013年のゴールデンウィークは、5/3（金）、5/4（土）、5/5（日）、5/6（月）の4連休という暦です。5/6（月）は振替休日です。下のように、日付が決まっている国民の祝日は5/3、5/4、5/5の3日間です。

このことを踏まえて問題です。振替休日を使わずにゴールデンウィークがちょうどよく5連休になるのは、2013年から何年後か答えてください。ちなみに、2012年は閏年《うるうどし》です。

2013年 5月

金	土	日	月
3 憲法記念日	4 みどりの日	5 こどもの日	6 振替休日

解き方の方針　15　ゴールデンウィーク

　2005年の祝日法の改正により、振替休日の規定が変更され、憲法記念日やみどりの日が日曜日に重なった場合に、こどもの日の翌日が振替休日となりました。2008年にこのケースが初めて適用され、振替休日が初めて月曜日以外の火曜日になったそうです。このあたりを勘案すると問題が複雑になるため、今回の問題では振替休日は考えなくてもよいことにしてあります。

　1年は365日、1週間は7日間なので、

　　365÷7=52余り1

より、**閏年でない年＝平年では、今年の元日が月曜日だったら来年の元日は火曜日、というように、1年間経つと同じ日付でも曜日が1つずつずれる**ことがわかります。閏年は366日となるので、曜日は2つずれます。

　上記のような予備知識を持った上で、この問題の最大のポイントは、**問題文の言い換え**です。問題文の「ちょうどよく5連休になる」とは具体的にどういう場合が考えられるか言い換えることで、考えるべき課題がシンプルに浮き上がります。つまり、**3連休が月、火、水もしくは水、木、金になればよい**と言い換えられます。

問題は
どこにある

【発展問題】

上述の祝日法の改正による振替休日も考慮した上で、4月29日（昭和の日）からはじまり、有給休暇をできるだけ少なく使っていちばん連休が長くなるのはどんな場合でしょうか？

答えと解説はp.141にあります。

高濱正伸の
算数脳
コラム1

日本は数学大国だ！

長年、不思議に思っていたことがあります。それは中学入試問題の百花繚乱ぶりです。なぜ、中学入試問題の質がこれほどまでに高いのか？　すごくオリジナリティが高くて、考えさせ、解いたときにスッキリ感・充実感がある。首都圏などの都会の中学はもちろん、地方の大学付属などの中学からも、毎年、全国で何問もの「素敵な問題」が生み出されています。

私がさらに不思議だと感じてきたのは、これらを作っている全国の力量ある先生たちに、給与以上の見返りを求める気持ちがサラサラないことです。それら中学入試問題を電車の車内広告などに掲載して実利を得る塾はあっても、作成者たちは著作権という現代的な利益確保の主張をするつもりもない。そこにあるのは、ただ「いい問題ですねえ」とさえ言ってもらえるなら、もう十分という感性です。問題を味わい共感することを喜ぶ感性が、なぜこれほど広く浸透しているのでしょう。そこには日本人らしい何かがあるのでしょうか。

同じ感性は、例えば月刊誌「大学への数学」をはじめとする、数学愛が結晶したような出版物を出している東京出版の雑誌や本、Z会の通信添削の問題群などにもあふれています。それらの出版物は「いい問題だよなあ」「どうです、この別解」「そんな解き方よく気づいたねえ」という性質の、高貴なやりとりで構成されています。

なぜこんなに、みんな見返りを求めず、「よい問題」や「よい解答」を作り味わっているんだろう。その答えが、先日わかりました。それは、桜井進さんという、科学の醍醐味を大衆に伝える仕事をしている方との対談で、教えてもらったのです。

桜井さんがしてくれたのは「江戸時代がすごかった」という話です。落語・歌舞伎・浮世絵・相撲など江戸時代に創生され盛んになった文化がたくさんあることは知っていましたが、実は数学・算数も江戸時代に花盛りで、この国は「数学大国」だったということです。寺子屋のおかげで全体の平均学力が高かった上に、『塵劫記《じんこうき》』など素晴らしい教科書兼パズル集のような本が、一家に一冊くらい売られるベストセラーになっていました。ものすごく面白い問題や、これぞと思う解法を思いついたら、「算額」と称する板に記して神社仏閣に奉納されていました。入試などまったく関係なく、ただ楽しみのために。

この豊かな文化的土壌があったからこそ、明治維新における革命とも言える西洋科学を土台とした産業の受け入れが可能になったし、鉄道は正確に走り続けているし、戦後の経済成長もあった、というのです。なるほど！　だから、いまだにスードクを楽しむサラリーマンはなくならないし、テレビで入試やパズルを題材にしたクイズ番組も人気だし、中学入試の現場では、無名の先生たちが、あの素敵な問題を作り続けているんだ！　これらを面白いと感じる土壌というか教養が、日本人の中には根強く存在するのです。この本を手に取っているみなさんは、誰よりもその感性をお持ちでしょう。

何だか力が湧いてきます。「私たちは、この国は、まだまだやれる！」と。算数を楽しむ大人の仲間として、子どもたちにこのバトンをしっかりと渡していきましょう。

効率よく試行錯誤するには

★★★☆☆ 試行錯誤力

16 3本の物干し竿

DATE: . .

できた □ できなかった □

長い棒があります。その棒を12mに切り取りたいのですが、手元にある道具は目盛のついていない長い物干し竿が3本だけです。物干し竿の長さはそれぞれ7m、11m、13mです。物干し竿を同じ向きに並べて12mを測りたいのですが、どうすればいいでしょうか。

※手元にあるのは物干し竿だけです。物干し竿に印をつけるペンなどはありません。物干し竿をこわしたりしてもいけません。

解き方の方針　16　3本の物干し竿

問題を解くには手を動かして試すことも大切ですが、問題が複雑になってくるにつれ、無方針な試行錯誤では太刀打ちできなくなります。

7m、11m、13mの物干し竿を使って、12mを測るということですが、場当たり的な調べ方では、途方に暮れてしまいますね。このようなとき、発想の転換や、**意図・目的を持った試行錯誤**が求められます。この問題について、一言で言えばそれは**「逆算」**です。迷路などを解くときに、ゴールからさかのぼっていくと、スタートからどう進めばよいかが見えやすくなることがありますね。

この問題について言えば、**12mというゴールに到達する一歩前は、どういった状態でなければいけないか**、ということを考えると、調べなければならないことが明らかになります。12mを測る上で最後に使う物干し竿は、7m、11m、13mのいずれかですから、

 7＋5

11＋1

13－1

の3つしか可能性がないことがわかります。したがって、「5」もしくは「1」を作ることを目標に試行錯誤をしてみましょう。

問題はどこにある

発展問題として中学の入試問題を出題します。

【発展問題】

3、4、7、8の4つの数字を四則演算（＋、－、×、÷）して10を作ってください。括弧の使用は可です。

〔開成中学　2004年（抜粋）〕

答えと解説はp.142にあります。

気づきの連鎖が爽快感を生む

★★★★★　発見力 試行錯誤力

17 同じ数は1回だけ

DATE:　　.　　.

できた ■　できなかった ■

左上すみの1からスタートして右下すみの19まで移動するルートを考えてください。進み方のルールは以下の通りです。

・上下左右へ1マスずつのみの移動だけ可能で、ななめには進めません。

・数字の順番通りに進む必要はありません（1→3でも1→15でもよい）。

・すべての数字を1回ずつだけ通ることとします。

1	15	10	18	3	8
3	16	17	5	4	7
12	17	18	13	1	11
2	14	13	9	2	15
7	16	14	5	6	10
4	9	6	8	12	19

解き方の方針　17 同じ数は1回だけ

初手の1手、着眼点ですべてが決まる問題です。着目すべきは「マスの数が36個であること」「1〜19まで数字はそれぞれ1つ以上出現しているが、20以上の数字はないこと」です。同じ数字が2つのマスにある場合があることにすぐ気づきますが、数字は1から19まであり、マスの数は36なので、1つしかない数字があるはずです。

以下のマスは通るはずだと確定できます。

・すみの1と19
・1つしかない数字のマス
・必ず通るマスに隣り合うマスのなかで、「入り口となるマス」と「出口となるマス」

以上のように考えると、1つしか書かれていない11は必ず通り、11の隣の1は通らないことから、その上下の7と15は必ず通る、と決まります。他方の7と15は通らないことになるので、1つずつルートが確定していきます。

1	15	10	18	3	8
3	16	17	5	4	7
12	17	18	13	1	11
2	14	13	9	2	15
7	16	14	5	6	10
4	9	6	8	12	19

問題は どこにある

はじめの一歩さえ踏み出せたら爽快に解ける問題。必ず通るマスと通らないマスの確定の繰り返しを行ってみてください。

答えと解説はp.144にあります。

高度な思考に人々が夢中になる ★★★★★ 試行錯誤力

18 中国伝来ゲーム

DATE:　　.　　.

できた■　できなかった■

数字が書かれたカードがたくさんあります。これらのカードを14枚並べて次のルールにそった「あがり」を作ろうと思います。

ルール：

A「同じ数が2枚」

B「同じ数字の3枚か、連続する3つの数字の3枚が4組、合計12枚」

このABが完成したときに「あがり」となります。

〔例〕

1 1 ｜ 3 3 3　5 6 7　5 6 7　8 8 8

A（1 1）　B（3 3 3　5 6 7　5 6 7　8 8 8）

(1) 2 2 2 3 5 5 6 6 7 7 9 9 9

(2) 2 2 3 3 4 4 5 5 6 6 7 8 8

(3) 1 1 1 2 3 4 5 6 7 8 9 9 9

（1）から（3）にあるそれぞれ13枚にあと何の数字が加わったら「あがり」になるでしょうか。考えられる限り書いてください。

解き方の方針　⑱ 中国伝来ゲーム

麻雀は13枚の牌（カード）を持って1枚カードを引いて、あがるのに必要ないと考えられるカードを1枚捨てていくことを繰り返してあがりを目指すゲームです。

例えばカードを引いて下のように14枚のカードを持っている状況を考えてみましょう。あがりではないので1枚カードを捨てて次のカードであがりを目指すことになりますが、どのカードを捨てると次に引くカードであがりやすくなるでしょうか。

あがるために必要なカードは、1を捨てたら6と9、2を捨てたら4、4を捨てたら2と3と5と6と9、5を捨てたら1と4、7を捨てたら8、8を捨てたら1と4と7、9を捨てたら7と8です。3か6を捨てると次にどんなカードを引いてもそれだけではあがることはできません。従って、次に引くカードで最もあがりやすくなるのは5通りのあがり方がある4を捨てたときです。

このように麻雀では場合分けと論理思考を駆使してあがりを目指しますが、ある特定の組合せが「役」として価値を生み出すことでさらに奥深くなっており、驚嘆します。

1	1	1	2	3	4	4	5	6	7	7	8	8	9

問題はどこにある

麻雀は、試行錯誤と場合分けと論理思考が詰まった非常に知的なゲームです。多くの方がこんなに複雑な思考を理解して楽しみながら取り組んでいます。遊びとして取り組めば、人は何とすごいパワーを発揮するのでしょう！

答えと解説はp.145にあります。

対称性をフル活用

★★★☆☆ 試行錯誤力

19 しんぶんし

DATE:　　.　　.

できた □　できなかった □

下の図で、「しんぶんし」と進む進み方は何通りあるでしょうか？

ルール

・どこからスタートしてもかまいません。

・上下左右に1マスずつ進みます。

・同じ場所は一度しか進めません。

		し		
	し	ん	し	
し	ん	ぶ	ん	し
	し	ん	し	
		し		

解き方の方針　19　しんぶんし

前にも述べた通り、場合の数の問題は、「漏れなく、重複なく」数えることが肝要です。大切なのは「漏れなく、重複なく」数える基準、「こうやったら数え切れる」という基準を持つことで、今回の問題においては「対称性」が鍵になります。

まずは、スタートの「し」としてどこを選ぶかを、場合分けしなければなりません。一見選択肢は多いのですが、対称性を考慮すると下図に示すように、2通りですね。それぞれの場合を調べて、それぞれに4をかければ（対称性が4つの向きに成り立っているので）、答えが求まります。

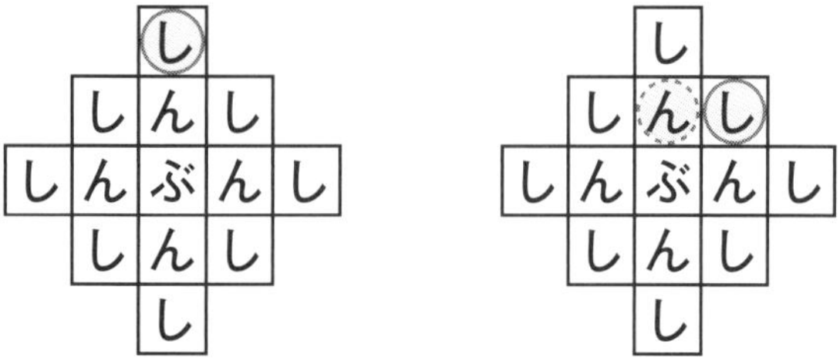

問題はどこにある

発展問題として、東京大学大学院の入試問題を出題します。

【発展問題】

下図には“BORROW OR ROB”という文を綴るための文字が並んでいる。文字列を 1 文字ずつ順に進んでこの文を綴る異なる方法は何通りあるか。ただし、進み方は上下左右のみであり、斜めには進めない。

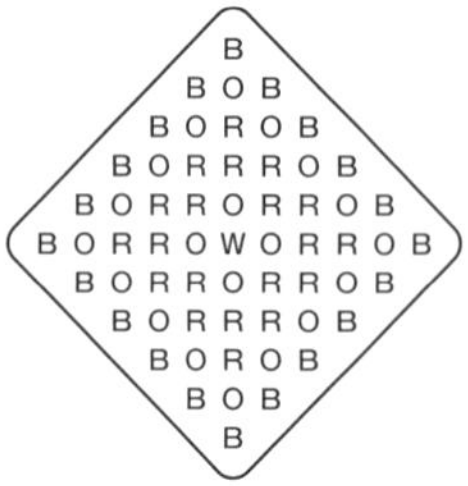

※「しんぶんし」の問題とは違い、同じ場所を2回以上通ることも可能です。

〔東京大学大学院工学系研究科システム創成学専攻　2012年〕

答えと解説はp.146にあります。

「最も○○な場合」を調べる

20 多い勝ち!!

★★★★★ 要約力

DATE:　.　.

できた ■　できなかった ■

「多い勝ち」は、「おおいがち！」という合図と同時にグー、チョキ、パー、いずれかの手をだして、いちばん多い手を出した人たちが勝ち、というゲームです。

たとえば9人で「多い勝ち」をして、グーを出した人が４人、チョキを出した人が２人、パーを出した人が３人だった場合は、グーを出した４人の勝ちです。もし、このときパーを出した人も４人だったら、チョキを出した人も含めて勝負をやりなおすこととします。

クラスの30人で「多い勝ち」をして、勝ち残った人が２人になるまで続けました。２人が勝ち残るために、最も少ない「多い勝ち」の回数は、何回でしょうか。

解き方の方針　20 多い勝ち !!

「最も早く勝ち残り人数を絞り込めるのはどんなときか」を考えるということは、それぞれの「多い勝ち」で最も少ない人数が勝つ極端なケースを考えるということです。この問題は「極端なケースを考える」問題なのです。

1回の「多い勝ち」で勝った人が最も少ないとき（例えばグーで勝ったとします）、チョキとパーを出した人はグーより少しだけ少なかったということになります。つまり、勝った人が最も少ないのは、勝った人が全体の人数の3分の1より少しだけ多いときということになります。

30人で「多い勝ち」をしたとき、3分の1より少しだけ多い数は11人であり、このとき他の手がそれぞれ10人、9人なら、その11人が勝ち残ります。10人では勝ち残れないので、30人で「多い勝ち」をしたとき最も少ない勝ち残る人数は11人です。

問題はどこにある

関連して有名な問題を出題します。1回の測定で得られる情報が最も多くなるような、極端なケースを考えてみましょう。思考の柔軟性が求められます。

【発展問題】

ここに、天秤式のはかりが1つと9個のおもりがあります。9個のおもりの中に1個だけ他よりも重いものがあり、残りの8個は同じ重さです。
1個だけある重いおもりを特定するために、はかりの最少使用回数を求めてください。

答えと解説はp.148にあります。

確率問題は着目点次第

★★★☆☆ 詰める力

21 ＰＫ戦

DATE:　　.　　.

できた ■　できなかった ■

サッカーの試合が時間内に決着せず、5人ずつのＰＫ戦で勝負を決めることになりました。臆病なたかゆき君は自分に回ってくるのか心配で、びくびくしています。たかゆき君は後攻の4番手です。

たかゆき君に順番が回ってくる確率を求めてください。ただし、敵味方のどの選手もＰＫを決める確率は $\frac{2}{3}$ とします。

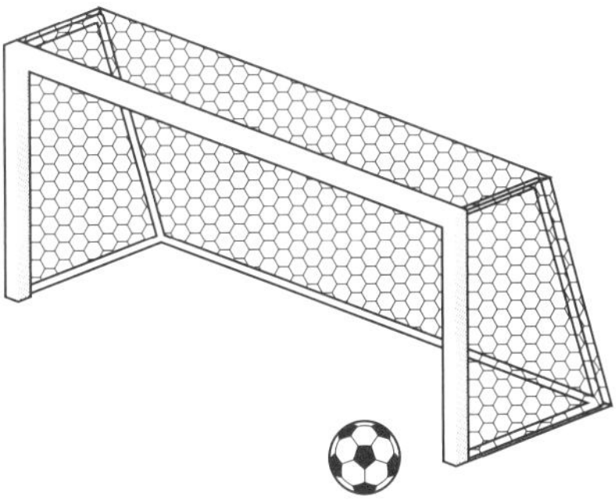

解き方の方針 21 ＰＫ戦

確率を扱う2問目です。今回の問題のポイントの1つは、**ある事象が起こらないこと、すなわち「余事象」に着目すること**です。自分に回ってくる場合の数や確率を直接求めることが難しいのなら、自分に回ってこない確率を求め、1から引いた方が早い、ということです。

敵チームが先攻で、自チームが後攻です。4巡目後攻のたかゆき君に回ってこないのは、たかゆき君の順番になった時点で

①「4巡目の敵チーム（先攻）が点をとれず、その時点でたかゆき君のチームが2点リードしているとき」か、「それよりもっと前に勝利が決定しているとき」

②「4巡目の敵チームが点をとって、その時点でたかゆき君のチームが3点負けているとき」か、「それよりもっと前に負けが決定しているとき」

です。さらに詳しく言えば、

①は「3巡目の後攻まで2対0か3対1で自チームがリードしていて、4巡目先攻で点が入らないとき」か「3巡目後攻までで3対0でリードしているとき」

②は「3巡目後攻まで0対2か1対3で自チームがリードされていて、4巡目先攻で点が入るとき」か、「3巡目後攻までで0対3でリードされているとき」

ですね。

問題は
どこにある

サッカーや野球など、スポーツは、確率問題の素材の宝庫ですね。

答えと解説はp.149にあります。

知識は発想のもとになる

★★★★★ 発見力

22 いろは歌

DATE:　　.　　.

できた ■　できなかった ■

下のような文字入力の機械があります。「え」という文字は（あいうえお）のボタンを4回押せば入力され、「を」という文字は（わをん）のボタンを2回押せば入力されます。たとえば、「よゆう」を入力するには合計8回ボタンを押します（「よ」「ゆ」を連続して入力する場合は、実際は確定ボタンなどを押しますが、本問では考慮しません）。

さて、

「いろはにほへと ちりぬるを
わかよたれそ つねならむ
うゐのおくやま けふこえて
あさきゆめみし ゑひもせす」

を入力するには何回ボタンを押す必要があるでしょうか。

ただし、「ゐ」と「ゑ」はこの機械では入力できないので、それぞれ「い」と「え」で代用することとして答えてください。

解き方の方針　22　いろは歌

「いろは歌」を題材にした問題です。地道に数え上げ、足し合わせてももちろん解けますが、工夫して解く解き方を考えてみましょう。**本問では、問題を解決する着想を得るために、すでに持っている知識を使うことが求められます。**

さて、いろは歌は、「ん」以外の当時の47文字の仮名すべてを1回ずつ使ったことで有名です。この知識があれば、この問題を解く工夫を発想することができます。すなわち、「機械で入力できる文字のすべてを打ち込むのに必要な、ボタンを押す回数の合計を計算する」という発想です。

実際には「ゐ」と「ゑ」を「い」と「え」に代用し、いろは歌にはない「ん」を除くので、「ん」を除いた現代の平仮名すべてを1回ずつ入力するのに必要な回数に、「い」と「え」の入力回数2＋4を足したものが求める回数となります。

問題はどこにある

発展問題を出題します。（1）で知識を抽出し、（2）への発想に用いる、という問題にトライしてみてください。

【発展問題】

（1）　2011、2012、2013、2014、2015、2016、2017のうちから7の倍数をすべてえらびなさい。

（2）　1から7までの7個の数字から、4個の数字を使って4けたの整数をつくります。同じ数字を何度使ってもよいとき、7の倍数は何通りつくれますか。

〔フェリス女学院中学　2011年〕

答えと解説はp.150にあります。

直観を裏切る答えに驚く

★★★☆☆

試行錯誤力
意志力

23 九九の表

DATE: 　.　.

できた ■　できなかった ■

0から9の10個の数字を1度ずつ使って、九九の表にある2けたの数を5つ作ります。考えられる5つの2けたの数の組合せは何通りありますか。

	1	2	3	4	5	6	7	8	9
1	1	2	3	4	5	6	7	8	9
2	2	4	6	8	10	12	14	16	18
3	3	6	9	12	15	18	21	24	27
4	4	8	12	16	20	24	28	32	36
5	5	10	15	20	25	30	35	40	45
6	6	12	18	24	30	36	42	48	54
7	7	14	21	28	35	42	49	56	63
8	8	16	24	32	40	48	56	64	72
9	9	18	27	36	45	54	63	72	81

解き方の方針　23　九九の表

0〜9をすべて使って2けたの数字を5組表すということは、各数字は1度ずつしか使えないということで、このことが実は非常に強く組合せを制約しており、驚かされることになります。アプローチとしては、**条件の厳しいところ、極端なところから攻めていきましょう**。

九九の表に登場する回数が少ない数字に注目します。表をよく見ると「9」が出てくる2けたの数は49だけなので、「4」と「9」は必ずいっしょに使われます。このことがわかると本問は、「4」「9」以外の数字で2けたの数字を4つ作る、という問題に切り替わります。

次に登場する回数の少ない数字は「7」で、27と72にしか使われていないので「2」と「7」も必ずいっしょに使われます。これを踏まえると「2」「4」「7」「9」以外の数字で2けたの数を3つ作ればよいことになります。このあとは必要であれば場合分けを行いつつ、考えられる場合をすべて調べましょう。

問題はどこにある

その気になれば、九九を習った小学2年生でも挑めそうなシンプルな問題設定ですが、取り組んでみると実に奥の深い問題です。

答えと解説はp.151にあります。

最悪の事態を避ける

24 リーグで降格しないためには

★★★☆☆ 論理性

DATE:　　.　　.

できた■　できなかった■

サッカーGリーグでは10チームで1回ずつ総当たり戦をします。下位の2チームは下部リーグのG2の上位チームと入れ替え戦を戦わなければならず、下部リーグに降格してしまう可能性があります。

総当たり戦に引き分けはなく、勝利した回数で順位を決め、勝利した回数が同じ場合は総当たり戦の終了後、くじで順位を決めることとします。

けんた君の応援するGリーグのチームが降格しない、つまり下位の2チームに絶対にならないためには、少なくとも何勝しなければならないでしょうか。

解き方の方針　24　リーグで降格しないためには

この問題も「極端な場合を考える」種類の問題です。この問題のように**最悪の事態を避ける方法を考える問題では、極端な状況を考えることが有効になる**のです。例えば初デートの待ち合わせに絶対遅刻したくないなら、待ち合わせ場所に行くまでに起こりうる極端な場合＝最悪の場合を考えて出発時刻を考えるべきでしょう。つまり、電車が遅延する、事故渋滞に遭うなどの事態です。万一そうなっても遅刻しないために、例えば30分前に着くよう余裕をもって家を出れば安心です。このように極端な状況＝最悪の事態に備えて行動することは社会のさまざまなところで行われています。

この問題における「極端な状況」とは、**9位になるチームの勝ちの回数が最も多い場合**です。それは、**「10位のチームが0勝で、上位9チームが勝ったり負けたりして潰し合って、全45試合の勝ち数を等分してしまう」**場合であると言い換えることができます。**その場合の9位の勝ち数より1勝多い勝ち数なら、9位以下には絶対にならない**ということになります。

問題はどこにある

発展問題として、極端な状況からさかのぼって解いていく問題を示します。

【発展問題】

1、2、3、4、5、6の6つの数字を1度ずつ使ってできる6桁の整数であって、64の倍数であるもののうち、最も小さい数は123456で、最も大きい数は（　　　　）である。

〔灘中学　2007年〕

答えと解説はp.152にあります。

数え上げれば手がかりに気づく

★★★☆☆ 発見力

25 24本の時刻

DATE:　　.　　.

できた □　できなかった □

デジタル時計には、下のように、時刻の数字を棒の組合せで表現しているものがあります。

たかよし君がある時刻にデジタル時計を見ると、24本の棒を使って数字ができていました。その時刻とは、何時何分だったでしょうか。

なお、このデジタル時計は24時制で時刻を表示し、「〜時」については十の位のゼロは表示されません（9時2分なら、9：02 と表示されます）。

※1本の長さは  です。"1"は2本の棒でできています。

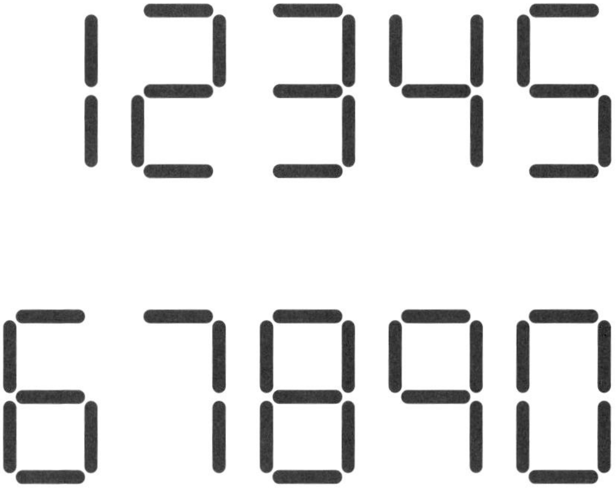

解き方の方針　25　24本の時刻

問題11の「いちばん上の面は？」（p.37）に続き、答えを導く条件が少ないタイプの問題です。先に述べたとおり、このような問題の場合、以下のような3つのパターンが考えられます。

①隠された条件があり、実際には相当厳しい条件になっている。
②最大の時、最小の時、など極端なケースでしか成立しないような条件になっている。
③何をあてはめても成立する（問題で触れられていない変数に依存しない）。

今回はこれらのうち②に相当する問題です。まず、それぞれの数字が何本の棒でできているかを数えましょう。

2本　5本　5本　4本　5本　6本　3本　7本　5本　6本

実際に数えてみると、最大4つの数字で使う棒の本数として指定されている24本という数が、「多い」と感じられるでしょう。その感覚がポイントです。

検証してみましょう。それぞれの位に入る数を検討していくのですが、鉄則は「制約の厳しい箇所」から考えていくことです。この問題でいちばん制約が大きいのは、「～時」の十の位ですね。十の位の「0」は表示されないと問題文に示されているので、十の位は「1」か「2」に絞られるわけですが、「1」だと他の位をどのように選んでも、合計は24を下回ってしまいます。これにより「～時」の十の位が確定します。

問題はどこにある

爽快な別解もありますので、考えてみてください。

答えと解説はp.154にあります。

六角形の特性を活用できるか　★★☆☆☆　図形センス

26 お誕生会

DATE:　　.　　.

できた ■　できなかった ■

お誕生会に友達を８人招待しました。困ったことに、届いたケーキは図のような正六角形をしています。けんかをしないように、合計９人でそれぞれの食べる量が等しくなるような切り分け方を考えなければなりません。

長さを２等分もしくは３等分することができるとき、どのような切り分け方があるでしょうか。

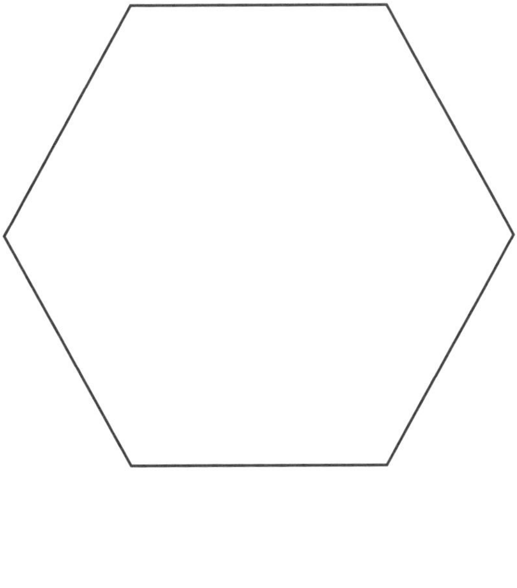

解き方の方針　26 お誕生会

辺の2等分、3等分の組合せで正六角形を9等分するという問題です。一見してパズル要素の強そうな問題ですが、数学的な背景のある奥深い問題です。ここでは、“分割して集める”という方針で考えてみましょう。正六角形を直線で分割すると、6つの正三角形や3つのひし形、2つの台形に分けられます。これらのひし形や台形は、正三角形が2つあるいは3つ集まってできた図形です。

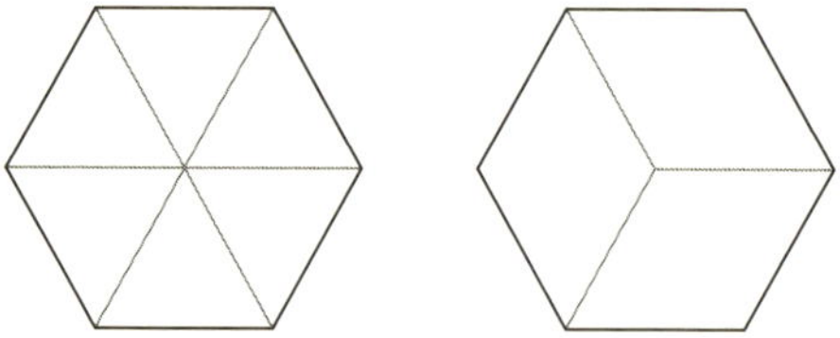

注目すべきは、**正三角形の面積は全体の1/6で、ひし形の面積は全体の1/3**ということです。9等分するのですから、全体の1/9の面積の図形を9つ作ることができればよさそうですね。**分割してできた図形をさらに細かく分けると、できた小さな図形の組合せで9分割をつくる方法はさまざまに考えられそうです**。

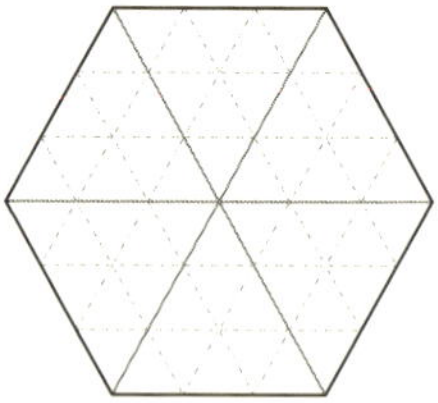

問題はどこにある　答えは1通りだけではなさそうです。別解を考えてみましょう。

答えと解説はp.155にあります。

出題者の目くらましに注意！

★★☆☆☆ 発見力

27 4時間授業の日は？

DATE:　　.　　.

できた■　できなかった■

梅乃崎学園では月曜日から金曜日まで授業があります。2年生はある曜日だけ4時間目で授業がおわり、ほかの曜日は5時間目まで授業があります。

ある年の5月は、下のカレンダーのようになっていて、土日祝日のほかに、19日は創立記念日のため、30日は遠足のため授業がありません。

5月の授業の回数を数えると、全部で87回授業がありました。4時間授業なのは何曜日でしょうか。

5月

日	月	火	水	木	金	土
				1	2	3
4	5	6	7	8	9	10
11	12	13	14	15	16	17
18	19	20	21	22	23	24
25	26	27	28	29	30	31

解き方の方針　27　4時間授業の日は？

まずカレンダーで、曜日ごとに授業のある日を数えてみましょう。

月曜：2日　　火曜：3日　　水曜：4日

木曜：5日　　金曜：4日

このように、曜日により授業日の数にかなり差があることがわかります。このことから、「特定の曜日を4時間目まで、その他を5時間目まで」と仮定して授業回数の合計が87になるような配分を探していく、という解答の指針が見えてきます。

ここでいわゆる**「つる亀算」を連想できるかが、解答のカギとなってきます**。例えば、「合計6匹のつると亀の足をたしたら18でした」というような典型問題であれば、「6匹すべて亀としたら足4本×6＝24本となるので、余計な足は6本ある。つるは足が2本で亀より2本少ないので、つるが3匹いれば余計な分は解消できる。したがってつる3匹、亀3匹」というようにすぐにつる亀算を使って解くことができます。しかし、この問題はわざとつる亀算に気づきにくいように設定を変えているので、難易度はあがっています。つる亀算は中学受験特有の特殊算ですので、知らない方も多いでしょう。知らなくても、「全曜日5時間目まであるとして、補整する」という発想を得ることがこの問題の肝であり、つる亀算の発想そのものでもあります。

問題はどこにある

基本解法を使えば解ける問題を、それと気づきにくい設定にアレンジするという出題パターンは、難関中学や難関大学の入試で頻繁に見られます。一見新しく見える問題を、見たことのある／知っているやり方で解決できると見抜く力は、生きる上でも大切ですよね。この問題でも、ノーヒントでつる亀算という基礎的な解法を連想し応用できるか否かが決め手。このような能力を鍛えるよい訓練となるはずです。

答えと解説はp.156にあります。

「不可能」をどう証明するか

★★★☆☆　図形センス

28 L字ジグソー

DATE:　　.　　.

できた ■　できなかった ■

5×5の正方形のマス目盤と、3マス分でできたL字形ピースが8枚、1マス分のピースが1枚あります。これらのピースが重ならないようにマス目盤をうめつくすことを考えます。

例えば、1マス分のピースAを中央に置くと下図のようにぴったりとうめつくすことができます。しかし、Aを別のマスに置くと、ぴったりとうめきれないことがあるそうです。

マス目盤をうめつくすことができなくなるAの置き場所は、どこでしょうか？

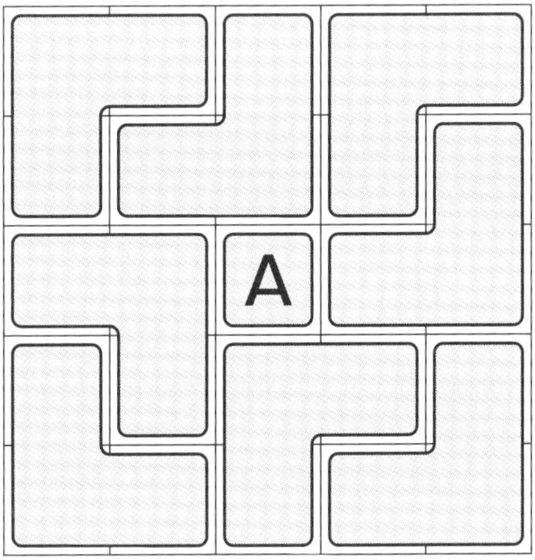

解き方の方針　28　L字ジグソー

この問題も、**対称性を使うと調べる手数をぐっと減らせる**ことを利用して解きましょう。例えば、下図のようにAを左上すみに置くことを考えると、90°ずつ回転させて同じ置き方になる右図の4すみについても考えたことになります。

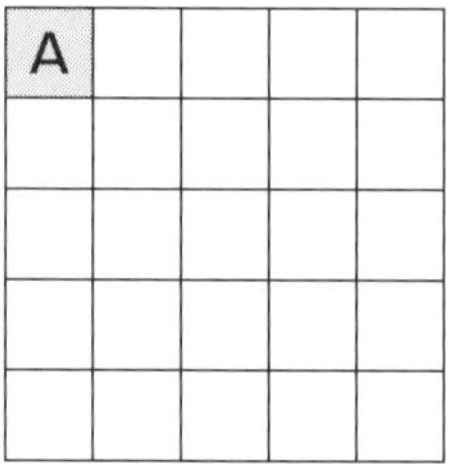

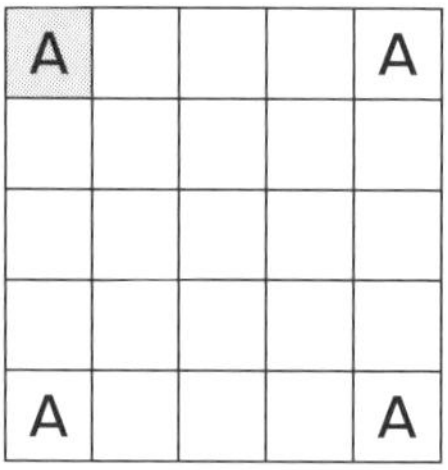

問題文の中で、盤面中央についてはすでに調べられています。このほかに調べるべき場所は、対称性を利用すると5通りまで減らすことができますが、それがどこかわかるでしょうか。

ところで、問題で問われているのは「ぴったりとうめきれない」場合についてです。通常、**何かができないことの証明、すなわち「不可能の証明」は困難**です。すべて網羅して不可能と示したつもりでも、探し洩らした1通りの例で可能だったら、結果がくつがえるからです。しかしこの問題の場合は、ぴったりとうめるために必ず置かなければならない位置を考え、残ったマスの形からうめつくしができないことを示す、という方針が有効です。

問題は どこにある

発展問題を出題します。

【発展問題】

この問題の設定で「マス目盤をうめつくすピースの置き方」は何通りあるでしょうか？　ただし、回転や裏返しで同じ配置になるものは同じ置き方とします。

答えと解説はp.157にあります。

問題を読み解けるかが勝負

29 自動販売機のランプ

★★★☆☆

要約力
試行錯誤力

DATE:　　.　　.

できた ■　できなかった ■

100円の水、140円のお茶、150円のオレンジジュース、200円のビールを売っている自動販売機があります。各商品の購入ボタンにはランプがあって、買えるだけのお金が投入されると点灯します。

1枚目のコインを入れました。ランプはつきませんでした。

2枚目のコインを入れました。ランプはつきませんでした。

3枚目のコインを入れました。ランプがついたものがありました。

4枚目のコインを入れました。さらにランプがついたものがありました。

5枚目のコインを入れました。全部のランプがつきました。

さて、4枚目に入れたコインは何円玉でしょうか。

10円玉、50円玉、100円玉、500円玉が使えます。これらは何枚でも使っていいものとします。

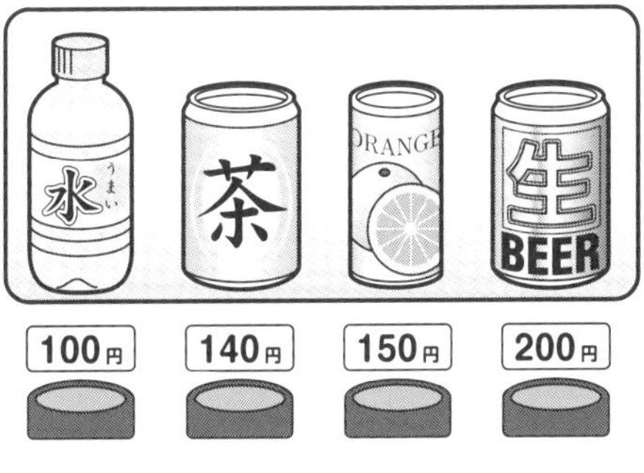

解き方の方針　29 自動販売機のランプ

この問題のように身近な題材を扱った問題は、最難関とよばれる中学の入試でもたびたび出題されます。どのような具体的状況のもとでも論理的思考ができるかどうか、問題の解き方や発想を体系化し、それらを効率的に組み合わせて解答を導けるかどうかが、難関校の入試では問われているのです（私はこれを拙著『小４から育てられる算数脳Plus』（健康ジャーナル社）で「束ねる力」として紹介しました）。

さて、この問題も、「押せない!?」（p.19）と同様に、**問題文の具体的な表現を、抽象的に言い換えること**がポイントになります。

まず、「ランプがつく」ということは、「入れられたコインの合計金額が、**一定の価格を上回っている**」ということになります。同様に考えて、「3枚目ではじめてランプがつく」という問題文を言い換えると**「1枚目、2枚目までは合計金額は100円未満で、3枚目で100円を上回る」**となります。同様にして1枚目から5枚目までの条件を整理します。

条件を言い換えた後は、必要条件を探し、場合分けを行いますが。ここまで行けば、問題は解けたも同然です。なぜなら、上記の条件から1枚目として考えられるコインは**10円か50円しかない**と絞られるからです。この2ケースについて、場合分けを行いましょう。

問題はどこにある

日常生活の中にあるものに数値化する工夫をほどこし、解ける問題を抽出することは、経営者やコンサルティングで活躍する方々が日常的に行っていることです。日常生活の中で算数の問題になりうる題材がないか、目をこらして探すことは、頭を鍛えるのによい訓練になることはもちろん、ビジネスにも役立ちます。

答えと解説はp.159にあります。

強力な「論法」で証明する

★★☆☆☆ 論理性

30 植樹

DATE：　　.　　.

できた ■　できなかった ■

一辺が5mの正六角形の公園があります。この公園に7本のカエデの木を植えます。すべての木を、お互いの距離が5m以下にならないよう離して植えようと思うのですが、うまくいきません。どうやら、絶対に無理なようです。「少なくともどの2本かの距離は5m以下になってしまう」ことを証明してください。

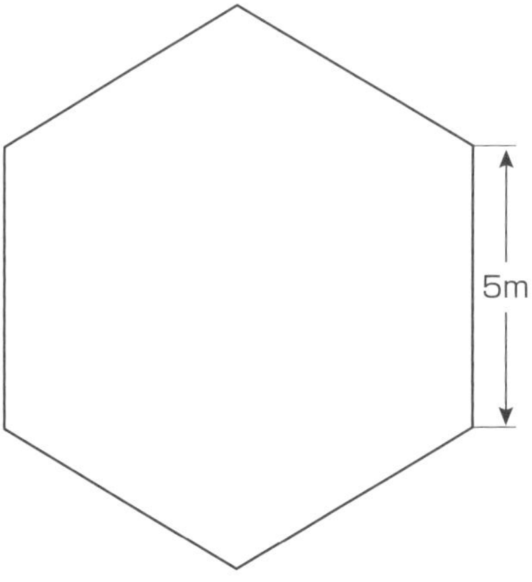

解き方の方針 30 植樹

証明とは、条件にあてはまるすべてのケースにおいて、正しいと示すことです。この問題の場合、この公園にどのように7本の木を植えても「少なくともどの2本かの距離は5m以下になってしまう」ことを正しいと証明しなければなりません。証明に失敗する人のほとんどは、適当な位置に木を置いて、その置き方で5m以下になるため…という証明の仕方をしようとします。これでは、一切の例外なく正しいことの証明にはなりません。すべてのケースを調べ尽くせればいいのですが、問題によっては非常に困難で、この問題の場合もそうです。このようなときに手助けとなる論法がいくつかあるのですが、そのひとつが、「**鳩の巣論法**」です。これは「**鳩が10羽いて、巣が9か所だったら、少なくとも1つの巣には2羽の鳩がいる**」という、小学生でも自然に理解できる理屈のことです。図に示した補助線と、鳩の巣論法をヒントに、証明に挑戦してみてください。

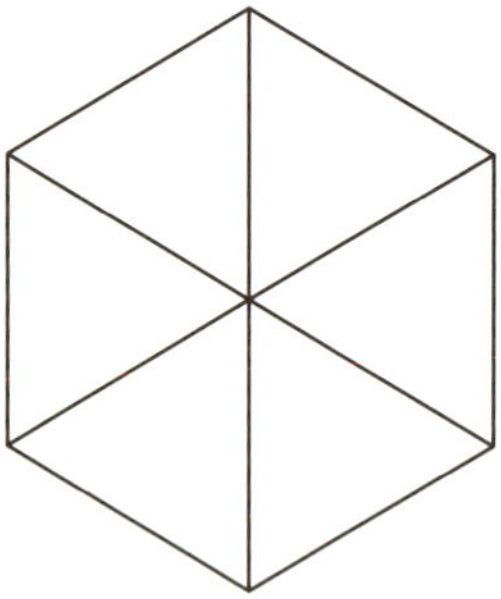

問題はどこにある

現場で子どもを教えていると、一見単純そうな鳩の巣論法も、実際にすんなり証明に応用できる子は多くありません。しかし、普段から才能を感じさせる子ほど、鳩の巣論法の証明方法に爽快感を感じるようです。

答えと解説はp.160にあります。

高濱正伸の
算数脳
コラム2

教えること・問題を作ること

私は、高校入試や大学入試のころ、実は数学が苦手でした。「補助線が浮かばないときに、どうすればいいか、何を読んでも指針がない」ということで立ち止まってしまっていて、解くことを楽しむというところまでいたれなかったのです。もっとも、その「突っかかり」について自分をごまかさず、正体を追求した結果、のちに『小3までに育てたい算数脳』（健康ジャーナル社）や『考える力がつく算数脳パズルなぞぺー』シリーズ（草思社）を書くことにつながったのですから、まさに塞翁が馬です。

何によって算数・数学を生業にできるように変化したかというと、塾・予備校での教える経験です。アルバイトで、子どもたちに教えねばならないという逃げ場のない状況におかれて、予習のため問題を解き、テスト問題を作っているうちに、純粋に算数・数学って素晴らしいなあと実感できるようになりました。「教えること」と「問題を作ること」の反復で、数学に対するビジョンが広がっていったわけです。

算数・数学の問題をパズルのように楽しみとして解く喜びを、すでに知っている方はもちろん、この本で「結構面白いぞ」と気づいた方も、解けば解くほど深みにはまる自分を実感されていることでしょう。「なるほど！　そう来たか。いい問題じゃないか」というような感想をつぶやいていらっしゃるのではないでしょうか。

その喜びをさらに深めるのに最善の方法は、「人に教えること」と「問題を作ること」です。教えることは、自分が感覚している「ひらめき」や「条件」、「要点」など、見えないけれど重要な「考える力のもと」を、言語化しなければならないし、何よりも相手にわかるように伝えなければなりません。一問を解くときに、「そうだよね、ここで引っかかっちゃうよね」と解いている相手の気持ちより添うためには、試行錯誤と解法発見の筋書きのようなものも見渡せていなければなりません。何よりも、目の前で息をして聞いてくれる相手がいることほど、やる気と集中の出ることはないのです。会社の同僚・家族・子ども・親戚の子…、対象は誰であれ、ぜひ教えてみてください。

問題を作成することによる算数学力向上の効果も絶大で、私は長年の指導経験の中で何度も驚かされてきました。例えば、ある授業で「問題を作ってみよう」ともちかけたことに対して、もっともたくさん問題を作った小学2・3年生の子たちを、私の著書の中で取り上げてあげたことがありました。その子たちはその当時、特別に抜きんでていたわけではなかったのですが、長じて彼らは全員トップ校に合格しました。

公立小学校での例もあります。私はこれまで7年にわたり某県のある公立小学校の支援活動をしていますが、そこでも子どもたちと算数の問題を作る取り組み行うよう先生方に呼びかけてきました。世代ごとにこの取り組みへの先生の積極性には違いがありましたが、ある年の断然多くの問題作成をした世代は、高校入試で近年なかったような好成績をあげました。あまり言うと、しょせん入試が目標かと言われてしまいますが、一つの目安としては、明白な結果が出たと考えています。「教えること」と「問題を作ること」。私が校長ならば、もっと学校教育の中に取り入れるでしょう。

私自身がそうだったように、大人にとっても、これらは算数・数学世界の喜びをより深める方法としてもっとも大きなものです。ぜひ、試してみてください。

問題を表現し直す　★★★☆☆　要約力

31 時計の針

DATE:　　.　　.

できた □　できなかった □

今、午前A時B分で時計の長針と短針が重なっています。図のように12時の方向と針のなす角度を調べました。しばらくして時計を見ると、また短針と長針が重なっており、角度を測るともとの3倍の大きさになっていました。

もとの長針と短針が重なっていた時刻としてあり得るのは何通りでしょうか？　ただし角度は時計まわりの方向に測ることとします。

解き方の方針　31 時計の針

時間と時計の針の角度の問題です。**短針と長針が重なるとはどういうことか、数式で表現することはできないか**、という観点で考えてみましょう。

時計の短針が1周すると、360°動きます。言い換えると、12時間で360°なので、1時間では360°÷ 12 = 30°動くということです。では1分ではどうでしょう？　1時間は60分なので、30°÷ 60 = 0.5°ですね。

0時00分からA時B分になったときの短針の角度は

30×A ＋ 0.5×B

という数式で表すことができます。

同じように長針の角度についても考えると、1分で6°動くため、B分での角度は

6×B

であることがわかります。

「短針と長針が重なる」ということを「短針の角度と長針の角度が等しい」ということに言い換えると、2つの式をイコールで結べます。

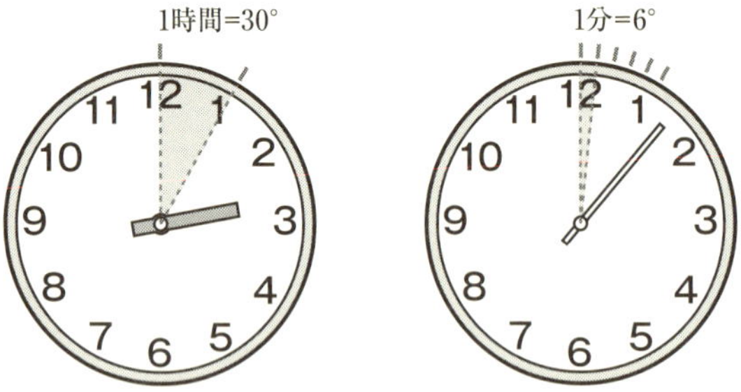

問題はどこにある

方程式を知らない子どもたちでも、数式をまったく使わずに解くことができます。どうすればよいか、発展問題として取り組んでください。柔軟な発想で考えてみましょう。

答えと解説はp.161にあります。

試行錯誤で必要条件を探す ★★☆☆☆ 試行錯誤力

32 カードゲーム

DATE:　　.　　.

できた■　できなかった■

表に「1」と書かれたカードが3枚、「2」と書かれたカードが3枚、「3」と書かれたカードが3枚あります。A、B、Cの3人にこの3種類のカードを1枚ずつ配ります。3人で次のようなゲームをします。

3人が自分の手札を一度に1枚ずつ場に出します（これを1セットと呼ぶ）。出したカードの数がいちばん大きい人がそのセットの勝者です。

1人勝ちの場合は、勝ち点3。

2人勝ちの場合は勝ち点2。

3人とも引き分けの場合は勝ち点1。

負けた場合は勝ち点0とします。

また、一度使ったカードを再び使うことはできません。3セット行ってゲーム終了です。

ゲーム終了時にBの勝ち点が6となる全員のカードの出し方は何通りあるでしょうか。

解き方の方針 ㉜ カードゲーム

ある1セットを考えます。「3」を出して負けることはあり得ません（引き分けはあり得ます）。また「1」を出して勝つこともあり得ません（この場合も引き分けはあり得ます）。

ということは、あるプレイヤーがあるセットで勝つ場合、そのとき出したのは「2」か「3」です。また、そのプレイヤーが出したカードより弱いカードを出した人がいます。ということは、このセットで負けたプレイヤーは、勝ったプレイヤーの残りの手札よりも強いカードを持っていて、別のセットでそれを出すはずです。その際は勝者と敗者が必ず逆になります。

このことから、**このゲームにおいては、いずれかのセットで一度でも勝ったプレイヤーは、別のセットで必ず一度は負ける**という必要条件が見つかりました。

以上のことから、「Bの勝ち点が6である」という場合のBの3セットの勝敗の仕方は確定します。

問題は どこにある

発展問題として中学入試問題を出題します。

【発展問題】

表に「1」「2」「3」「4」「5」「6」の数字が書かれたカードが1枚ずつ計6枚、裏にして床に置かれています。A、B、C、Dの4人がそこから1枚ずつ、自分では書かれた数字がわからないようにカードを取りました。そして、4人それぞれが、自分以外の3人に自分のカードの数字を見せました。するとその時点で、自分のカードの数字が4人の中で何番目に大きいかがわかる人が1人だけいました。

4人のカードの組合せとして、考えられる場合をすべて答えなさい。解答は例の解答のように数字の組合せを小さい順に並べて答えなさい。

解答の書き方の例　「2、3、4、5」

〔栄光学園中学　2005年〕

答えと解説はp.162にあります。

規則を発見して実験する

★★★☆☆ 発見力

33 鍵の番号は？

DATE:　　.　　.

できた ■　できなかった ■

下の左側の図は番号式の自転車の鍵です（右側の図を巻きつけたものをくっつけてできていると考えてください）。４つのリングに１から6の数字が書かれていて、それぞれ自由に回転させることができます。「4136」となっている面を開錠番号に対応させると開きます。

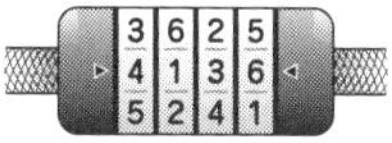

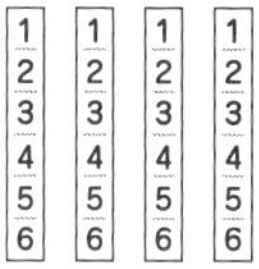

今、「4136」の状態で鍵は開いておらず、下の①と②の２つの方法でリングを回転させて鍵を開けることをためしました。２つの方法はそれぞれある規則にしたがっています。

毎回鍵が開くかどうか確認しながらまわしていったところ、どちらの方法でも10回以上回したのち鍵を開けることに成功しました。この開錠番号はなんでしょうか。

① 4136→5136→5236→5246→5241→
→6241→6341→6351→6352→1352
・・・・

② 4136→5136→5236→5336→5346→
→5356→5366→5361→5362　5363→
→5364→6364→6464→6564→6514→
→6524→6534→6535→6536→6531→
→6532→1532→1632→1132→1142
・・・・

解き方の方針　33　鍵の番号は？

身の回りに思考の素材はたくさんあふれています。この問題もその一例と言えるでしょう。**この問題のポイントは、①と②の方法の規則を発見すること**です。

①は左のリングから順番に1つずつ上にずらしていきます。いちばん右までずらしたら、左に戻ります。この一連の動作を1周するごとの、各リングの最初の位置とのずれとして表すと、

1111→2222→3333→4444→5555→6666

となり、一連の動作が6周で元の番号に戻ることになります。

②は左のリングを1つ上にずらし、左から2番目のリングを1つずつ2回上にずらし、右から2番目のリングを1つずつ3回ずらし、いちばん右のリングを1つずつ4回ずらします。以後、これらを繰り返します。この一連の動作を1周するごとの、各リングの最初の位置とのずれを表すと、

1234→2462→3636→4264→5432→6666

となり、一連の動作が6周で元の番号に戻ることになります。

問題はどこにある

問題作成者は、どんなときも、自転車のキーチェーンに触れているときでさえも、「問題にできないかな？」と考えています。問題作成に限らず、生活の中から企画立案の着想を見いだせる人は、同様に普段から「企画に結びつかないかな？」と考える癖がついているのでしょう。

答えと解説はp.164にあります。

音楽と算数の近さに気づく

★★★★☆ 要約力

34 白鍵と黒鍵の差は？

DATE: . .

できた■ できなかった■

白鍵、黒鍵合わせて88鍵の鍵盤を持つピアノがあります。

ピアノの連続する鍵盤を鳴らしたとき、鳴らした白鍵の数と黒鍵の数の差が3でした。このとき、鳴らした白鍵の数と黒鍵の数の合計は、いくつ以上いくつ以下でしょうか。

例えば、図のレ♯（レとミの間の黒鍵）からラまで鳴らした場合、鳴らした白鍵の数は4、黒鍵の数は3です。

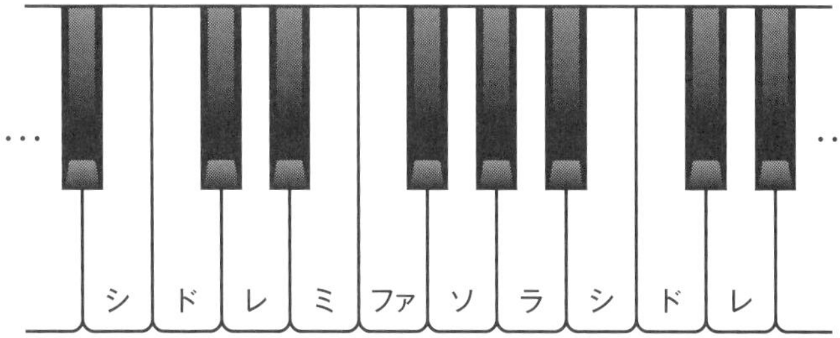

解き方の方針　34　白鍵と黒鍵の差は？

音楽全般に算数・数学の話は尽きませんが、今回は鍵盤の周期性の問題です。ある鍵盤からある鍵盤までの白鍵と黒鍵の数の差が３ということですが、**差が生まれる原因を把握することで問題のとっかかりを掴むことができます**。

黒鍵の数が白鍵の数より３多くなることはないので、白鍵が黒鍵より３多くなる場合だけを考えます。

差が増減する原因は、２つ考えられます。１つは、

①シとドの間、ミとファの間に黒鍵がないこと

ですね。どちらかを通過するたびに差が１生まれます。またもう１つは、

②両端の選択によって生じる差

があります。白鍵と黒鍵の違いによって、以下のように増減します。

（i）両端が白鍵の場合、①より更に差が１大きくなる

（ii）両端が白鍵・黒鍵の場合、差はかわらない

（iii）両端が黒鍵の場合、①から差が１減る

この問題は最大最小の問題ですので、最大、最小の状況が生じるであろう最も極端なケースを考えましょう。鍵盤の合計を最も小さくするためには、（i）の条件がまず必要で、どの白鍵を左端にするかも、①を考慮して選択してください。鍵盤の合計を最も大きくするためには、（iii）の条件はまず必要で、どの黒鍵を左端にするかも、やはり①を考慮して選択してください。

問題はどこにある

一流の方々にお話をうかがってみると、音楽を嗜んでいることが多いです。算数や思考力にも影響を及ぼしているでしょう。このようなことを講演会で話すと、無理やりピアノなどを習わせる家庭が増えるので、最近は言わないようにしていましたが。

答えと解説はp.165にあります。

数字から導く興奮のストーリー

★★★★☆ 論理性・精読力

35 三冠王への夢

DATE: 　.　.

できた ■　できなかった ■

プロ野球選手のあなたは今シーズンの成績は絶好調！　打率・本塁打・打点すべてでトップの“三冠王”まであと一歩です。所属チームの最終試合は延長戦に突入し、現在10回表の相手チームの攻撃が終わったところで点数は４－３と１点リードされています。あなたの打順は４番で、10回裏の攻撃は打順８番からはじまります。

現在のあなたの成績と、すでに全試合の終わっている他チームの暫定トップ選手の成績は表のようになっています。このまま試合が終われば同率の本塁打王だけとなります。しかし11回裏の攻撃で、あなたは劇的にすべて単独１位の三冠王の座を勝ち取ることができました。このとき試合終了後の両チームの得点の合計は少なくとも何点以上になったでしょうか？

	打率(安打数/打数)	本塁打	打点
あなた	0.352(161/457)	51	109
暫定トップ	0.354(162/457)	51	113

◎野球の基本ルール（本問に必要なもの）
打率：安打数を打数で割って、四捨五入して小数点以下３桁で表したもの
本塁打数：本塁打（ホームラン）を打った数
打点：自分の打席で得られた得点

１打席につき、アウトになるか、塁に進むかのどちらかで、３アウトでその回の攻撃は終了します。

一塁 → 二塁 → 三塁 → 本塁　と進み、本塁まで進むと得点となります。

前の打者を追い越すこと、同じ塁に２人以上いることはできません。

塁に出た場合、安打となります。

一度に本塁まで進むことを本塁打（ホームラン）と呼びます（本塁打は安打にも含まれます）。

１番から順番に打席に立ち、９番の次は１番です。

延長戦は後攻（裏）が先攻（表）よりリードした時点でサヨナラ勝ちとなり、試合は終了します。

解き方の方針　35 三冠王への夢

野球に詳しくない方には取り組みにくい問題だと思いますが、なかなか夢のある設定です。

ポイントは、**次の打席で打点を稼いだがためにサヨナラ勝ちをしてしまって打率1位を逃してしまわないようにすること**です。単独三冠王になるには安打があと2本、本塁打1本、打点5点が必要で、あなたに打席があと2回回ってくる必要があります。このためには10回裏で1点だけ取り同点として11回まで試合を行い、11回裏であなたの打席が回る前にチームがサヨナラ勝ちしないことが必要です。そのためには相手チームが11回表である程度得点を取っておかなければなりません。

また、試合終了時の両チームの得点の合計が「少なくとも」何点以上かを問われているので、**両チームともにとる点数が最も少なくなるような状況で三冠王になれるよう考えることが必要**です。

問題はどこにある

子どものころはテレビのプロ野球中継にかじりついて、大好きな王貞治選手のホームランに大興奮していました。試合の後半にもなると、王選手にはあと何回打席が回ってくるのだろう、とよく考えていたものでした。日常に見られるできごとも、考え方・見方次第でさまざまな味が出てきます。楽しみながら学びにつながる、とても幸せなことですね。

答えと解説はp.166にあります。

必要条件と十分条件を考える

36 引き分けは何回？

★★★☆☆ 発見力

DATE: . .

できた ■ できなかった ■

AからFの6チームでサッカーの総当たり戦を行いました。

それぞれの試合で勝ったチームには勝ち点3点が与えられ、引き分けの場合は両チームに1点ずつ勝ち点が与えられます。

全試合が終わった後のそれぞれのチームの勝ち点は下の表のようになりました。全試合のうち、引き分けの試合は何試合あったでしょうか？

チーム	勝ち点
A	8
B	7
C	4
D	15
E	2
F	5

解き方の方針 ㊱ 引き分けは何回？

各チームの勝ちと引き分けの組合せを求めよ、と言われているのではなく、合計の引き分け試合の数を聞かれているだけですから、**この勝ち点表になる必要条件としての引き分け数を考えるのが筋**です。

問題の条件を整理すると、1試合で勝負がつけば、勝ち点3点が発生します。引き分けならば両チームに1点ずつの勝ち点が与えられるので、全体としては勝ち点2点が発生します。また、**チーム数と表から、「全試合数はいくつか」「発生した勝ち点は全体で何点であったか」がわかります**。これらから全試合で勝負がついたとしたら、全体で発生する勝ち点は何点であったかを考えて、**つる亀算にもちこむ方法が有効です**。つる亀算は、「4時間授業の日は？」（p.71）にも出てきましたが、小学生にもできる連立方程式の解法です。

以上から、必要条件としての引き分け数は求まりますが、「本当にこの引き分け数で表のような勝ち点になるのか？」という視点、つまり**「問題の勝ち点表が引き分け数の十分条件となっているか」**という視点も、持つようにに心がけたいものです（詳細は解説を参照してください）。

問題はどこにある

発展問題として中学入試問題を出題します。

【発展問題】

20名のあるクラスで次のような方法で席替えを行いました。

a くじで2人1組のペアを10組つくる。

b そのペアになった2人の間で席を入れ替える。

c aとbをもう一度くりかえす。

（1）席替えをした後も席替えをする前と同じ席に座っている生徒が11名になることはありえません。その理由を答えてください。

（2）席替えをした後も席替えをする前と同じ席に座っている生徒の人数として考えられるものをすべて答えなさい。

〔栄光学園中学　2003年〕

答えと解説はp.167にあります。

検証は粘り強く最後まで

★★★☆☆ 試行錯誤力

37 虫食い算2

DATE:　　.　　.

できた ■　できなかった ■

この筆算を完成させてください。□には0~9の数字が入ります。

```
    □□4
×    9□
--------
    8□□
  □□□□
--------
  □5□□2
```

解き方の方針　37 虫食い算2

オーソドックスな虫食い算の問題です。かける数である「9□」の一の位の数としてありえるのは3か8であると考えることが第一のステップですね。

かけられる数「□□4」について、3をかけたときもしくは8をかけたときの値が「8□□」になるためにはどのような範囲に限定されるでしょうか。

候補を絞り込むことができない段階になったら、「あてはめ（場合分け）」で検討していきましょう（虫食い算一般の解き方については、p.41「虫食い算1」を参照してください）。

問題は どこにある

あらゆる可能性を考慮して解ききる粘り強さも大切です。「候補となる数字は小さい方から検討する」など考え漏れがなくなるような工夫を心がけてください。

答えと解説はp.170にあります。

抽象的な操作だけで答えを求める ★★★★☆ 要約力

38 不思議なポケット

DATE:　　.　　.

できた ■　できなかった ■

不思議なポケットの中にビスケットを入れてたたくと、

1.ビスケットの数が奇数のときは1個増える

2.ビスケットの数が偶数ならば半分になる

ということが起きます。

ポケットの中のビスケットが1つになったらたたくのをやめます。

（1）25個のビスケットを入れたとき、何回たたくと1個になりますか。

（2）4回たたいたときにビスケットが7個でした。はじめにポケットにいれたビスケットの個数は、何通りあり得るでしょうか。また、そのうちはじめのビスケットの個数が偶数なのは何通りでしょうか。

（3）10回たたいて1個になるようなはじめのビスケットの数は何通りあるでしょうか。

解き方の方針　38 不思議なポケット

まず、言葉の定義をしましょう。最初のクッキーの個数を「最初個数」、最後の個数を「結果個数」とします。また、「結果」から「最初」まで樹形図をさかのぼるときに現れる可能な中間のクッキーの数を「中間個数」と呼びます。1通りの結果個数からさかのぼるとき、中間個数も最初個数も何通りかあります。

この問題のポイントは、出題者からのメッセージに気づくということです。（2）で「偶数の最初個数」が何通りかを数えさせたのは、偶奇性に注目させたかったからですね。（3）は樹形図を書いて地道に数えることもできますが、**中間個数が偶数か奇数かのみを追いながら、各段階で中間個数が何通りかを計算していくことで、最初個数が何通りになるかを見いだす方法を発見することが、この問題のいちばんの趣旨**です。

たたく回数が1回のとき、結果個数が2のときを例外として（クッキーが1個のときはポケットをたたかないため）、

結果個数が奇数になるのは最初個数が「結果個数の倍の数（偶数）」のときのみ

結果個数が偶数になるのは、最初個数が「結果個数より1小さい数（奇数）」か「結果個数の倍の数（偶数）」の2通り

ということがわかります。これらを利用して、たたく回数が2回以上のときの中間個数が何通りかを求めていきます。

問題はどこにある

この「ポケット」は、「数字に操作を加えてはき出す」という数学での「関数」そのものです。入力（たたく前の個数）から 出力（たたいた後の個数）への対応は1通りに決まりますね。

答えと解説はp.171にあります。

情報を整理することの大切さ

★★★☆☆ 要約力・意志力

39 相撲のけいこ

DATE：　　.　　.

できた ■　できなかった ■

A、B、C、D、Eの5人の力士で相撲のけいこをすることになりました。全員が総当たりになるような取組形式で行うため、全10回のけいことなりますが、どの力士も1度けいこをしたあとは少なくとも1回分の休憩が必要です。

いま、2回目にCとD、7回目にAとE、10回目にCとEが組んでけいこをすることがわかっています。1回目のけいこは誰と誰が行うでしょうか？

解き方の方針　39 相撲のけいこ

まずは情報を表にまとめて整理しましょう。

1回目	2回目	3回目	4回目	5回目
	CとD			

6回目	7回目	8回目	9回目	10回目
	AとE			CとE

「少なくとも1回分の休憩が必要」ということは「2回以上連続してけいこをしない」ということなので、

1回目と3回目には　A, B, E　の組

6回目と8回目には　B, C, D　の組

9回目には　A, B, D　の組

が入ることがわかります。また、総当たりのため、同じ組合せが2回あることはありません。すでに決まっている組合せを除外すると、

1回目と3回目には　AとB　か　BとE

6回目と8回目には　BとC　か　BとD

が入ることがわかります。AとB、BとDの組合せは8回目以前に出てしまうので、

9回目には　AとD

が決定します。同様にして、同じ組合せは1回だけしか現れないこと・同じ力士が連続しないことの条件で考えていくと表がすべて埋まります。

問題はどこにある

問題文に上のような取組表が掲載されていれば、正答率が上がるのではないでしょうか。「この表を埋めていけばいいのだから…」と考えるようになって手を動かしやすくなるからです。この問題を解くこと自体に奇抜な発想は要求されてはいません。情報を整理して、条件に従って考え抜く。まさに“粘り強さ”が試されます。相撲と同じでしょうか。

答えと解説はp.173にあります。

初めての状況で条件を発見する　★★★☆☆　発見力

40 からくり足し算

DATE:　.　.

できた■　できなかった■

数字の書いてある玉が置かれています。A〜Dの4つのスイッチは、1回押すとそのまわりの4つの玉が時計回り（右回り）に1つずつ（90度ずつ）回転します。さて、A〜Dのスイッチを押して最も少ない回数で足し算の結果を正しく成立させるにはどういう順番でスイッチを押せばいいでしょうか。ただし、同じスイッチを2回以上押しても、押さないスイッチがあってもいいものとします。

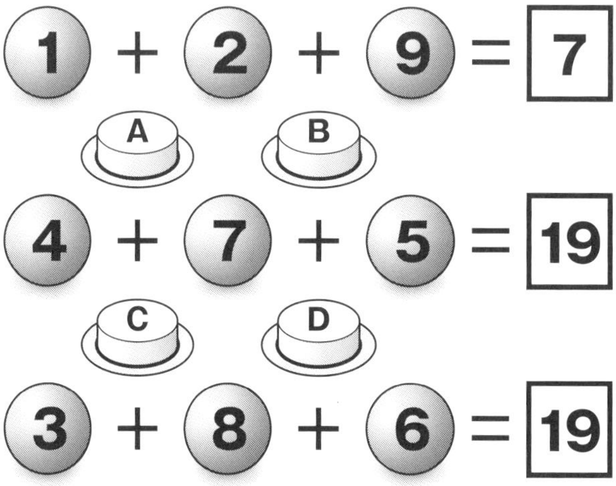

解き方の方針　40　からくり足し算

見たこともない状況に関して必要条件を抽出することがテーマです。これまでにもありましたが、極端なところに着目するのが有効な問題です。この問題の場合では、**「最も制約が厳しいところ」に注目しましょう**。いちばん厳しい制約は、いちばん上の列で7を作ることですね。7を作る組合せを考えると、{1, 2, 4} しかありません。さらに、9を含む3つを使って19を作るとすると、{3, 7, 9} しかありません。それぞれの作り方は、次のように決定してしまいます。

7＝ {1, 2, 4}　19＝ {5, 6, 8}　19＝ {3, 7, 9}

問題はどこにある　最少回数と限定しなければ答えはたくさんありますね。

答えと解説はp.174にあります。

「最も少ない手数」を示す方法　★★★★☆

要約力
試行錯誤力

41 リバーシ

DATE:　　.　　.

できた■　できなかった■

白黒白黒白……黒白と、合計11枚の石がならんでいます。それぞれの石は、白の裏は黒、黒の裏は白になっています。これらのうち、3枚ずつを一度にひっくりかえしていくとします。最終的に最初とは白と黒が全部逆の配列になるように、つまり黒白黒白黒……白黒の配列にするにはどうすればいいでしょうか。いちばん少ない手数を考えてください。ただし、一度にひっくりかえす3枚は、となりあっていなくてもかまいません。

スタート	○	●	○	●	○	●	○	●	○	●	○
1手目											
2手目											
3手目											
4手目											
5手目											
6手目											
7手目											
8手目											

一番短い手数は＿＿手。

ゴール	●	○	●	○	●	○	●	○	●	○	●

解き方の方針　41　リバーシ

「最も少ない手数を答えなさい」と言われたときには、「可能なのは○手以上」という条件を探し、さらに「○手でできる」ことを確認できれば、その手数が答えです。言い換えると、可能かどうかに関する条件として**「可能なのは○手以上」という必要条件**と**「○手で可能」という十分条件**の両方がみたされればよいということです（必要条件、十分条件については、p.33の「誤解の多い話」やp.91「引き分けは何回？」も参照）。

すぐ思いつく必要条件は、11個の石を反転させなければならず、1手で3つずつしか動かせないので

11÷3＝3　余り2

より少なくとも4手は必要だ、ということです。でも制約はこれだけではないですね。**石は偶数回反転させるともとに戻るので、すべての石が奇数回反転する必要があります。石の数も奇数ですので、1回に3つずつ反転させる手数も奇数である必要があります**。先ほどの4手では、少なくとも1つの石が偶数回反転してしまいますね。2つの必要条件を合わせると、4手以上の奇数であることが必要なので、**どんなに少なくても5手は必要です**。つまり、5手で可能だと示せれば、この問題を解けたことになります。

問題はどこにある

この問題は5手でできるのですが、問題の難度が上がると、それだけでは解を出せないこともあります。その場合は、たとえば5手でできないことを証明し、次の最も少ない手数である7手でできることを示す、といった手法をとることがあります。

答えと解説はp.175にあります。

空間認識力を補強する能力とは？

★★★★☆

発見力
空間認識力

42 展開図から求積

DATE:　　.　　.

できた ■　できなかった ■

下の展開図は、正六角形、直角二等辺三角形３枚、３角が直角な五角形３枚でできています。この展開図を組み立てた立体の体積を求めてください。

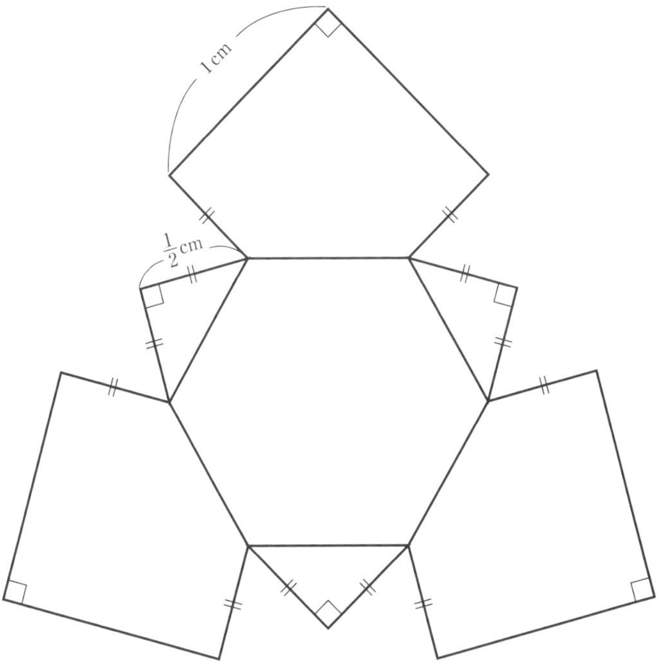

解き方の方針 ㊷ 展開図から求積

この問題のような複雑な展開図を、頭の中だけで組み立ててイメージできる人はごく少数です。実のところ筆者にとってもこれは困難をきわめるのですが、だからといってこの種の問題を解くことに困るわけではありません。このような問題に当たったとき、**「なじみのある立体の展開図、あるいは、なじみのある立体を切断したものの展開図ではないか？」と考える**発想を、知識として持っているためです。

この問題の展開図も、組み立てれば皆さんが算数もしくは中学数学で一度は見たことがある形になります。ヒントは「切断」「正六角形」というキーワード。過去に得た知識を総動員して考えてみてください。

問題はどこにある

発展問題として中学の入試問題を出題します。2012年、2013年と2年連続で灘中学で出題された灘中の展開図の問題です。

【発展問題】

（1）右の展開図を組み立ててできる立体をそれぞれA、Bとします。立体A、Bはどの辺の長さも10cmです。立体Aの体積は立体Bの何倍ですか。

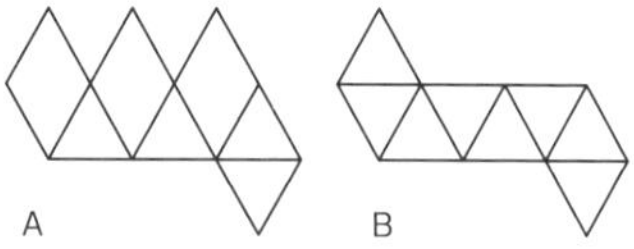

〔灘中学　2012年〕

（2）展開図が右の図のような立体の体積は何cm^3ですか。ただし、四角形の面は正方形で、三角形の面のうち4個は正三角形、残り4個は直角二等辺三角形です。

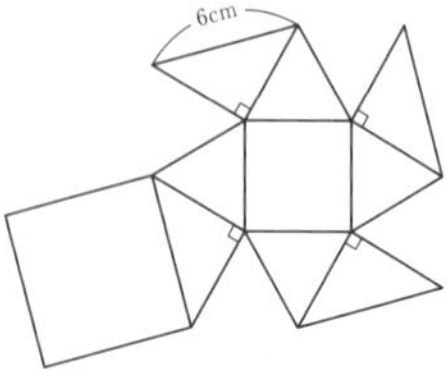

〔灘中学　2013年〕

答えと解説はp.176にあります。

枝分かれを整理するテクニック

★★★☆☆ 試行錯誤力

43 電車すごろく

DATE: 　. 　.

できた ■ 　できなかった ■

路線図ふうにつくられたすごろくで遊んでいます。1個のさいころを振って出た目の数だけ駅を進むことができます。G駅を出発して、1回目に「6」、2回目に「1」が出てB駅に着きました。何通りの経路が考えられるでしょうか。

・同じ駅・線路は何度でも通ることができますが、1回のさいころの目で進むときに来た線路を戻ってはいけません。

・1回目に進んだ線路を2回目に戻るのは構いません。

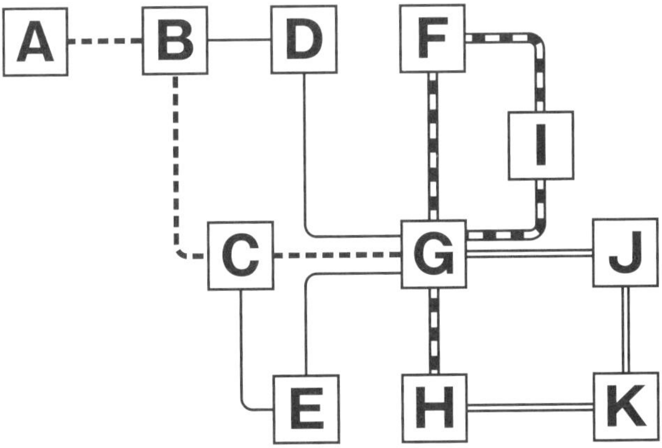

解き方の方針　43　電車すごろく

有名なゲームと同じ設定なので、慣れている人には考えやすかったかもしれません。ジャンルとしては「場合の数」の問題です。数え上げタイプなので、漏れなく・重複なく数えられるような工夫をしましょう。

G駅を出発して、サイコロの目が1回目に「6」、2回目に「1」が出てB駅に着いたということは、合計で7駅分進んだことになります。ではG駅からB駅に7駅分でたどり着く経路を考えてみると、本問のような枝分かれの多いケースではこの方針ではかえって混乱してしまいますね。

ここでは1回目のサイコロでの移動後にどこにいなければならないかを考えます。B駅の1駅となりの駅にいればよいので、A駅かC駅かD駅のいずれかですね。スタートから6駅分の移動でそれぞれの駅にたどり着く経路を求め、足し合わせるとすべての経路の数となります。それでは6駅の移動でD駅に着くことを考えると、同じように5駅の移動後にどこにいればよいか、という考え方ができます。スタート地点から数えやすいところまで一時的なゴールを設定して考えていく、という方針です。

問題はどこにある

ときにはゴールから考えることも大切です。「条件を満たすためには必ずこうなるはずだ！　そのためには、また別の条件があって…」という具合に見えてくるものが増えるでしょう。ゴール1のために必要なゴール2を設定して、ゴール2のためにゴール3を設定して…、というやりかたはコンピュータ・プログラムの手法「再帰的アルゴリズム」にも使われています。

答えと解説はp.177にあります。

ときどき嘘をつく嘘つき

44 困った嘘つきはだれだ？

★★★☆☆ 論理性

DATE:　　.　　.

できた ■　できなかった ■

りゅうじ君、しゅんすけ君、ともや君、たくま君の中に正直者が２人と嘘つきが２人います。嘘つき問題の場合、たいてい「正直者はいつも正しいことを、嘘つきはいつも嘘を言う」ことになっていますが、この問題の嘘つきは少し違います。

正直者はいつも正しいことを言うのは同じですが、この問題の嘘つきは気まぐれで、正しいことを言うこともあれば嘘を言うこともあるという、困った嘘つきなのです。

下の４人の証言をもとに困った嘘つき２人を決定してください。

りゅうじ：「ともや君は嘘つきでたくま君は正直だよ」

しゅんすけ：「りゅうじ君は嘘つきでたくま君は正直だよ」

ともや：「たくま君は嘘つきでしゅんすけ君は正直だよ」

たくま：「しゅんすけ君は嘘つきでりゅうじ君は正直だよ」

解き方の方針　44　困った嘘つきはだれだ？

必ず嘘をつく嘘つきというのは、むしろ正直者のようなものです。本当の嘘つきとは、嘘を言うこともあれば本当のことを言うこともあります。だからこそ厄介なのです。

通常の嘘つきの問題を解く際には、ある特定の人が嘘つきだと仮定してその発言内容をたどってゆき、矛盾が生じるか否かによって、仮説が正しかったのかを検証します。正直者の発言内容は本当に正しいのか、嘘つきの発言内容は本当に真実とは異なっているのか、という具合です。

この問題の発言内容を見ると、それぞれの人が別の2人について言及しています。ここで注意しなければならないのは、嘘つきの発言内容は半分が正しくて半分が嘘という場合もある、ということです。こうなるといよいよ嘘つきを見つけるのは難しくなってしまいます。特定の人を正直者と仮定してみてください。

問題はどこにある

発展問題として、東京大学大学院の入試問題を出題します。こちらの問題は、はじめからアプローチの方向に関するヒントが与えられています。

【発展問題】

A, B, C, D, E の 5 人のうち、常に本当のことを言う正直者は 2 名だけである。残り 3 名は嘘つきであり、その言葉には嘘と本当が混ざっている。誰が嘘つきかという問いに対する 5名の以下の返答をもとに、どの 2 名が正直者であるかを判断し、推論の過程を示せ。

A:「C と D は嘘をつかない」
B:「C は嘘つきだ」
C:「D は嘘つきだ」
D:「E は嘘つきだ」
E:「B と C は嘘つきだ」

〔東京大学大学院工学系研究科システム創成学専攻　2007年〕

答えと解説はp.178にあります。

補助線をどう引くか ★★★★☆ 図形センス

45 九角形の面積

DATE:　　.　　.

できた □　できなかった □

下の図のような九角形ABCDEFGHIがあります。角AIHと角ABCと角BCDは等しく、また角CDEと角DEFと角FGHも等しいとします。AB、CD、DE、EF、GH、HIの長さはそれぞれ6cm、15cm、13cm、4cm、16cm、12cmです。

また、直線AIと直線FGは同一直線上にあります。このとき以下の設問に答えてください。

（1） BCの長さは何cmですか？

（2） この九角形の面積は何cm^2ですか？

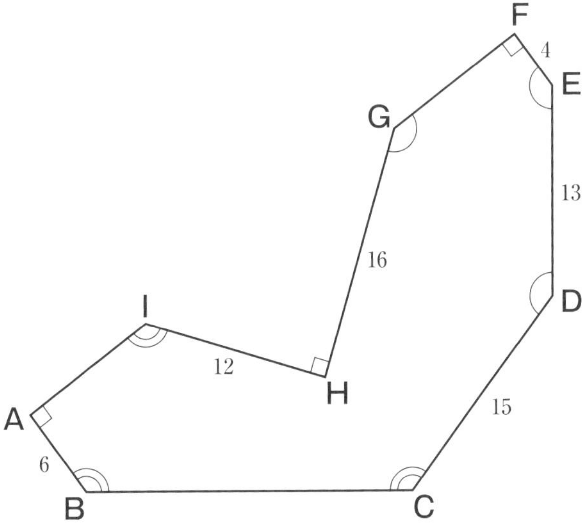

解き方の方針 45 九角形の面積

お察しの通り、九角形のまま考えていても、面積は求まるはずがありません。ですので、ある意図を持って補助線を引く必要があります。算数では、多角形の面積を求める際、まずは三角形になるように補助線を引けるか試みるのが鉄則です。

一般に、面積を求めるとき、補助線をどう引くかの方略は限られていて、

公式（で求められる三角形）　分けて考える
くっつけて考える　まわりから引く
共通部分の和・差

この5つしかありません。今回の方略は「まわりから引く」です。下の図の補助線に思い至るかどうかがこの問題のすべてです。小学校では習わないのですが、辺の長さの比が3：4：5の直角三角形を利用します。

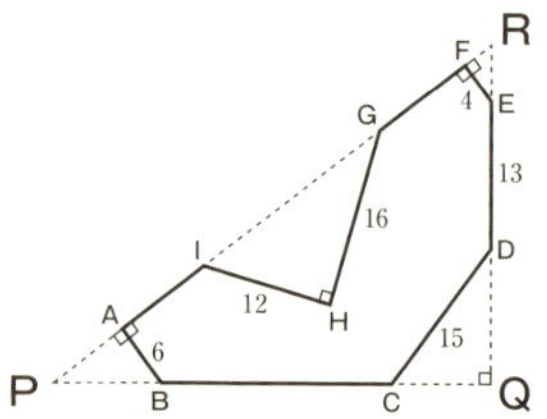

問題は
どこにある

歴史に残るような平面図形の名問には、うまい具合に補助線を引くと正三角形が現れるものが多く見られます。発展問題として東大大学院の入試問題を出題します。

【発展問題】

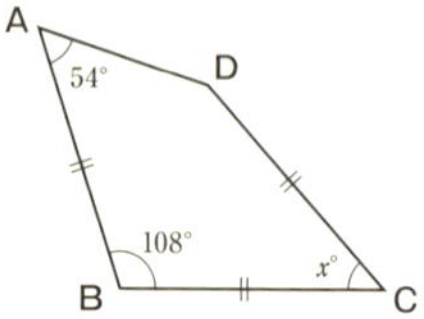

辺 AB, 辺 BC, 辺 CD の長さが等しいとき, ∠BCD の大きさを求めよ.

〔東京大学大学院工学系研究科システム創成学専攻 2012年〕

答えと解説はp.180にあります。

高濱正伸の
算数脳
コラム3

子どもを算数好きにさせるには

ここでは、我が子がまだ小学生とか、甥っ子姪っ子に幼稚園の子がいるとか、そういう方々へのメッセージをお伝えします。子どもを算数好きにさせるにはどうすべきか、です。

まず言いたいのは、もとから算数嫌いの子なんていないということです。小学校で習う知識は普通ならば必ず「次はなに？　教えて！」と続けて知りたくなる知識の系列になっているのですから、嫌いになりようがないはずです。つまり、どこかで嫌いにさせられているのです。そして嫌いにさせているのは、まわりの大人の言葉と態度です。

第一に「人との比較でけなされる」こと。特に長子がやられる確率が高いのですが、「◯◯ちゃんは、もう掛け算だってできるんだってよ」という言い方で奮起させようとする。子どもは奮起どころかやる気を失っているという図です。自分のできないところを他人と比較され、指摘されてやる気の出る人は、大人でもいません。でも、子どものことが心配なお母さんは、つい言ってしまうのです。

「押しつけ」もあります。早期教育が非難されるときの本質的問題はここだけです。どんなに多くの知識を入れようとも、子ども本人が本当にやる気になっている限り、人間の脳の容量は莫大ですから、幼児が漢字をやろうが微積分をやろうが壊れはしません。しかし本当は他のこと（外遊びなど）をやりたいのに、親の顔色をうかがってやってみせるというところに子どもを追い込んでしまうと、それは真の主体性からかけ離れたものですから、やがて頓挫します。

「感情的に言う」。母だって人間、気分の浮き沈みはありますが、ちょっと間違った程度でも、虫の居所が悪いときについキツく言うその一言が致命傷になるということです。「あんたバカじゃないの」「何でこんなのもわからないの」「弟ができるのに何であんたができないの」という言い方や、90点取ったのに間違った10点をあげつらうことなどです。

「○か×かに重きを置いてしまう」。これは、よかれと思ってやったために、落ちてしまう落とし穴の一つです。子どもにドリルを与え、家事で忙しい母が合間合間に○をつけるような家庭学習をしている場合、どうしても「合っていたら笑顔」「間違ってたら不機嫌」というリアクションをしがちです。すると子どもは「答えを早く正しく出すことが、いいことなんだな」という誤概念を抱いてしまうのです。計算を大量に反復するだけの勉強が害があるという指摘は、あちこちで聞きますが、私の研究によれば、それは計算が大量であるから問題なのではありません。問題をじっくり考え、解法を発見する喜びを味わうという、算数の本質的な楽しみを奪ってしまうことが問題なのです。

もっとありますが、これら代表例の逆が、正しい道ということになります。つまり「人との比較ではなく、その子の伸びに注目する」「本人の本当のやる気を大事にする」「感情的にならないように母自身がホッとするように道をさぐる（話を聞いて認めてくれる人を見つける・趣味や仕事で発散するなど）」「○か×かではなく、本人が本当に考えひらめいたときの喜び（これを私は『わかっちゃった体験』と呼んでいて、思考力を語るときの大黒柱でもあります）に注目して伸ばす」ということです。さらに、親が自ら算数・数学の問題を解くことを楽しんでみせることは、非常に効果的です。

実はこれは、会社で部下を育てるときのノウハウにも直結しています。人を育てる基本的な構えは変わらないのですね。

問題をとらえ直し抽象化する

★★★☆☆ 要約力

46 あかずの踏切

DATE：　　.　　.

できた □　できなかった □

あかずの踏切で有名なフラワー駅前の踏切を、A線の上下線、B線の上下線、C線の上下線の計6線がそれぞれ4分間隔、5分間隔、10分間隔で通過します。

電車はすべて分ちょうど（時刻○時△分00秒）に踏切を通過し、その前後30秒間踏切は閉まります。

1時間に最低でも何分間踏切は開いているでしょうか。

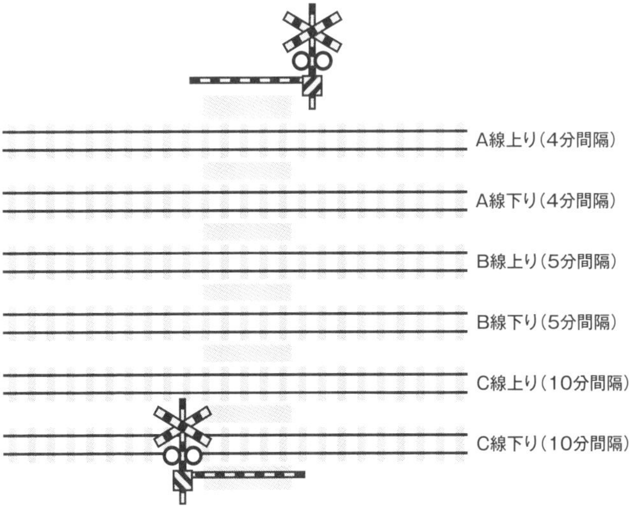

解き方の方針　46 あかずの踏切

この問題には2つの大きなポイントがあります。1つは**「条件の言い換え」**です。問題文によれば電車が通過しない分時刻があると、その前後30秒間（合計1分間）は踏切が開きます。**「踏切が開いている最も少ない時間を求める」を言い換えれば「6線が最も重複しない状況を考える」ということ**だと気づかなければなりません。

もう1つのポイントは**最小公倍数を用いる整数問題だと見抜く**ことです。設問では1時間単位で考えていますが、最小公倍数に気づけば、調べる範囲を絞り込めます。**通過間隔である4分、5分、10分の最小公倍数である20分間について調べれば、その繰り返しとして1時間の踏切が開く時間がわかるからです**。

まずは間隔が最も短いA線（4分間隔）を調べます。なるべく通過時刻を重ならせないために、同じ線の上下線の通過時刻をずらします。A線上下のずれ方としては1分のずれ、2分のずれの2通りです（3分のずれは1分のずれと同じです）。最初の電車の通過時刻を1分として表にすると、

1分	2分	3分	4分	5分	6分	7分	8分	9分	10分
A上り	A下り			A上り	A下り			A上り	A下り
11分	12分	13分	14分	15分	16分	17分	18分	19分	20分
		A上り	A下り			A上り	A下り		

1分	2分	3分	4分	5分	6分	7分	8分	9分	10分
A上り		A下り		A上り		A下り		A上り	
11分	12分	13分	14分	15分	16分	17分	18分	19分	20分
A下り		A上り		A下り		A上り		A下り	

残りの空白に5分間隔、10分間隔の上下電車がどのように通過すればよいか考えることができます。

問題はどこにある

同じ設定を使った発展問題を出題します。

【発展問題】

それでは、1時間のうち最大で何分間踏切は開いているでしょうか。

答えと解説はp.181にあります。

整数問題の解法を総動員して解く

47 スーパー虫食い算

★★★★★ 発見力・意志力

DATE:　　.　　.

できた■　できなかった■

下の虫食い算の□に以下の数字を1つずつ入れることで、式を成立させることができます。

2,5,6,6,6,7,7,8,8,8,9,9,9

このとき、上の6けたの数、下の7けたの数それぞれの、「各けたの和」の取りうる値を答えてください。各けたの和は、例えば123456と7890123という数の場合

1+2+3+4+5+6=21

7+8+9+0+1+2+3=30

となります。

$$
\begin{array}{r}
\square\square\square\square\square\square \\
\times \qquad\qquad\quad 3 \\
\hline
\square\square\square\square\square\square\square
\end{array}
$$

解き方の方針　47 スーパー虫食い算

これまでにも虫食い算の問題を2題取り上げましたが、この問題は虫食い算の中でも最高峰で、整数問題としても総合力を問われるものになっています。

唯一与えられている、かける数「3」と式の特徴から、「3の倍数の性質」「一の位」「けた数（繰り上がり）」を使うのだろうな、というあたりをつけられたのなら、その着眼力は第一級と考えていいでしょう。まずは、「3の倍数の性質」を使います。

かけられる数（6けたの数）をA、積（7けたの数）をBとすると、

A×3＝B　　　（＊）

なので、Bは3の倍数です。**3の倍数は、各けたの数の和も3の倍数になるという性質があります**。このため、Bも各けたの和は3の倍数です。

2 ,5 ,6 ,6 ,6 ,7 ,7 ,8 ,8 ,8 ,9 ,9 ,9の合計は90なので、Aの各けたの和は90から3の倍数を引いたものとなり、やはり3の倍数です。

（＊）式に戻ると、Aが3の倍数なので、A×3であるBは9の倍数です。ここで、**9の倍数も各けたの和は9の倍数になるという性質がある**ことが利用できます。…このように推論を続けていくと決定的な必要条件にたどり着けます。

問題は どこにある

そのものをずばりと答えさせるのではなく、条件や範囲を答えさせる問題には「工夫すれば範囲を狭められる」という出題者からの暗黙のメッセージが込められていると考えていいでしょう。

答えと解説はp.183にあります。

問題文から決定的条件を見抜く

★★★★☆ 要約力

48 穴の開いた水そう

DATE: 　. 　.

できた■　できなかった■

図1のように底に穴が開いた水そうAがあります。水そうに穴が開いているとき、水が流れ出る速さ（流量）はそのとき水そうに入っている水の体積（水量）に比例し、底面積に反比例します。水そうAに水を120 L入れたところ、15分後に水そうに入っている水の量は60 Lとなりました。

図2のように水そうAの下に、水そうAに比べて底面積が2倍で、同じ穴を持った水そうBを設置し、水そうAに120 Lの水を入れて穴から水を流していくと、30分後に水そうBの水量が最大となりました。このとき、30分後までに水そうBの穴から流れ出た水の量は何Lですか？

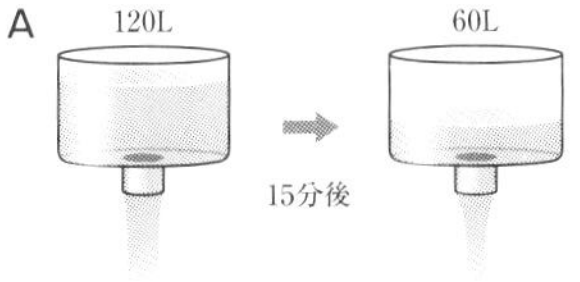

図1

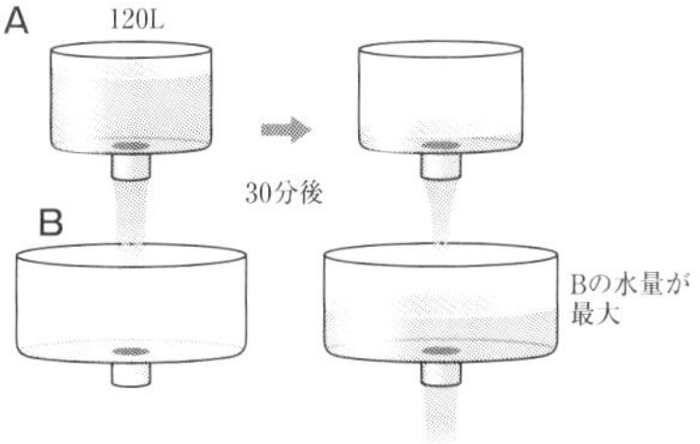

図2

解き方の方針 48 穴の開いた水そう

この問題の**ポイントはただ一点、問題文から決定的な条件を見つけ出す、ということに尽きます**。具体的には、**水そうＢの水量が最大になるとき、どのような条件が発生しているかということ**です。

まず現象を定性的に考えてみましょう。はじめはＡの水量は大きいのでＡから落ちる流量は大きく、Ｂの水量は少ないためＢから落ちる流量は少なく、このためＢの水量は増えていきます。しだいにＡの水量が減ってＢの水量が増えていくと、ＡからＢへの流量が減っていく一方、Ｂから落ちる流量は多くなるので、Ｂの水量が減りはじめます。したがって、**水そうＢに入っている水の量が最大になったとき、［水そうＡの穴から入ってくる水の速度］＝［水そうＢの穴から出ていく水の速度］となります**。

水が出る流速は水そうの水量に比例し底面積に反比例するので、底面積が水そうＢはＡの2倍であることから、ＡとＢから落ちる流量が同じになったとき、Ａの水量はＢの水量の半分です。

また、図1より、水そうＡの水量は15分間で半分になることがわかっています。15分後にＡの水量が半分になるということは、**「15分後から30分後までの15分間に流れ出る水量」は「15分後までに流れ出た水量」のさらに半分**となります。

問題はどこにある

なぜ30分後に最大になるか、ということを理解するためには「微分方程式」と呼ばれる手法を用いる必要があります。この問題では、15分でＡの水量が半分になる、つまり半減期が15分であることを利用することで、微分方程式を使わずにうまく問題が解けるよう設定しています。巻末の解説では、微分方程式を使って導いた詳細な結果についても説明します。

答えと解説はp.184にあります。

出題者に導かれる美しい問題

★★★★★ 図形センス

49 変な形

DATE: . .

できた ■ できなかった ■

図のACDは、Cを中心とする中心角90°のおうぎ形です。

∠BAC = 30°

で、BDの長さとABの長さの差は2cmです。このとき、グレーに塗られた部分の面積を求めなさい。

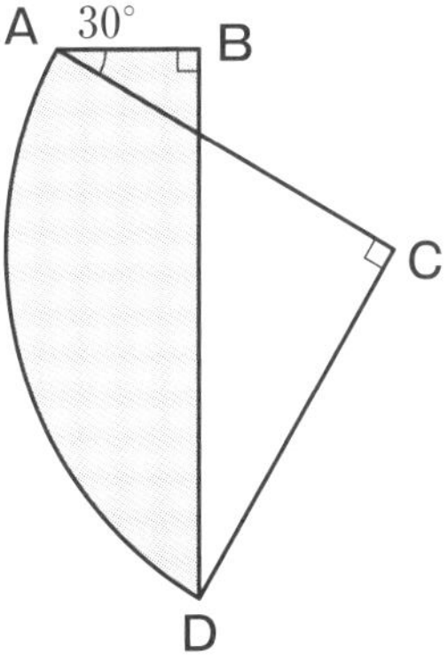

解き方の方針　49 変な形

円の絡んだ平面図形の問題を用意しました。「差が２ｃｍ」という表現が怪しいですね。p.109の「九角形の面積」で紹介した平面の面積問題でどのように補助線を引くかという方略のうち、今回は「くっつける」ことを考えてみましょう。

図形をくっつけることで道が開けるのは主に以下の場合です。

・特殊な図形ができる（正三角形、二等辺三角形、正方形、ひし形…）
・一直線になる
・長さが等しい

A、B、Dを囲む図形は、円の一部を切り取った形なので、この形を４つくっつけて円を復元することによって道が開けます。

問題はどこにある

「問題文に条件が少ない図形問題では、特殊な図形をつくりだすことを目標にした操作を考えよ」という示唆に富んだ美しい問題です。本問では30°という角度と円を完成させることに大きな意味がありますね。

答えと解説はp.185にあります。

数字の並びの美しさを問題にする

★★★★★ 発見力・意志力

50 0〜9の時間

DATE:　　.　　.

できた ■　できなかった ■

1年のうちで○○月○○日○○時○○分○○秒と表される時間の○の中に0から9までの整数が1回ずつ現れることは何回ありますか？

例えば04月29日17時56分38秒などがあります。

□□月□□日□□時□□分□□秒

解き方の方針　50　0〜9の時間

今回のような複雑な場合の数の問題でもやはり、「必要条件」と「場合分け」が問題のキーポイントになってきますが、制約の厳しい条件に注目するのが鉄則です。この問題では、選択の余地が少ないものに注目すると簡単な場合分けですみます。

月は12月まで、時は23時まで、日は31日までしかなく、この3つで大きく絞ることができます。とくに**月の十の位は「0」か「1」、時の十の位は「0」か「1」か「2」です**。また**、01日から31日までのどの日付も「0」と「1」と「2」のいずれか1つは必ず使います**。

したがって、**月の十の位、時の十の位、日で「0」と「1」と「2」はすべて使われてしまいます**。これが問題を解く上での最初の必要条件です。

このことにより月の一の位には「0」〜「2」は使えないので、「3」〜「9」が入ることになります。すると、**月の十の位には「0」しか使えないことが決定します**。分、秒はともに59までで十の位は「3」から「5」となることを用いてさらに候補を絞ると、

・時の十の位が「1」のとき

・時の十の位が「2」のとき

の2通りの場合分けから答えにたどり着きます。

問題はどこにある

11月11日11時11分11秒などを見ると、爽快な気分になりますよね。このような数字の並びの見た目の面白さに注目しても、問題は作れます。この問題の「0から9まですべてそろう日時は何通りあるか」というのは設定も美しいですが、解く過程で候補がだんだんと絞られていくところも、気持ちのいい問題です。

答えと解説はp.186にあります。

身近な題材に難問を見いだす

★★★★★ 要約力 精読力など

51 割り勘

DATE: 　. 　.

できた □　できなかった □

Aさんと B さんで買い物に行き、品物の金額に対して2人で同じ金額ずつ出しあうことにしました。2人が持っている紙幣・コインの組合せは下の図の通りです。

2人とも自分が払う分をおつりがないように払う金額は持ち合わせていませんでしたが、2人の間でのやりとりによって、片方は自分の分を支払い、もう片方がまとめてお金を払うことができました（このときのお店への支払いは、金額に対してぴったり払わなくて構いません）。品物の金額としてありえる金額は何通りあるでしょうか？

例えば、会計が460円の場合、それぞれが払うのは230円ですが、Aさんは、Bさんに250円払いBさんから20円返してもらうことで、自分の分をBさんに渡すことができ問題の条件に合致します。逆に、例えば会計が400円の場合、Aさんが200円払うことができるので、問題の条件に合致しません。

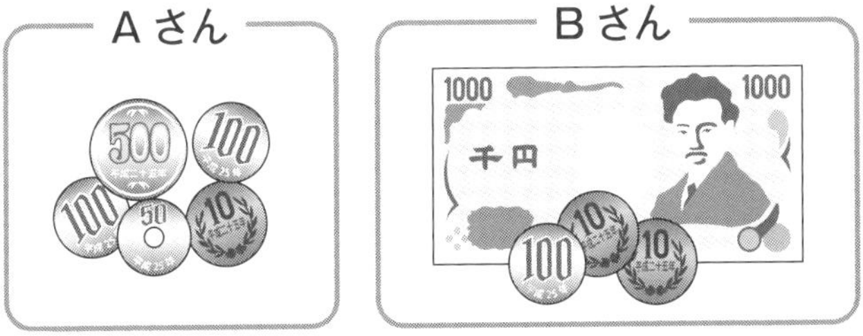

解き方の方針　51　割り勘

実際に飲み会の席などでよく見られるやりとりですが、ありえる金額を漏れなく重複なく数えるとなるとむずかしくなりますね。

具体的に条件を満たす金額を何個か探してみて、共通する性質を発見する必要があります。540円、600円、720円、760円、880円、1140円、1280円などが条件を満たしますね。いくつか試して、**BがAに払う額とAがBに払う額の差が1人の払う額になることに気づくことが、この問題を解くカギ**です。

このことが何を意味しているかというと、**「BがAに払う額」「AがBに払う額」の組合せの数が、そのまま合計金額の場合の数だということ**です（順列ではない）。

また、**BがAに払うお金と、AがBに払うお金には、同じコイン・紙幣を使うことはありません**。おつりのやりとりなのでアタリマエなのですが、この性質を言語化・明確化するのは非常に重要です。これは今回の問題における最大の必要条件となります。

したがって、**同じ種類のコインを使わずに、760円未満のAとBの選び方が何通りあるか**、と問題文を変更できそうですが、実は先ほどの必要条件は十分条件でなく、例外があります。例外の一例は500円玉1枚と1000円札1枚を交換するときです。

問題はどこにある

お金の支払いは、思考のとてもいい題材になります。おつりを財布の中のコインが少なくなるように払うことなどはその代表例ですね。これを両親が子どもにやって見せている家庭では、子どもも自然に自分で考えられるようになっていきます。

答えと解説はp.188にあります。

これが解けたら気持ちいい！
大人の算数脳パズル
なぞぺ〜

問題の解説

1 変則○×ゲーム

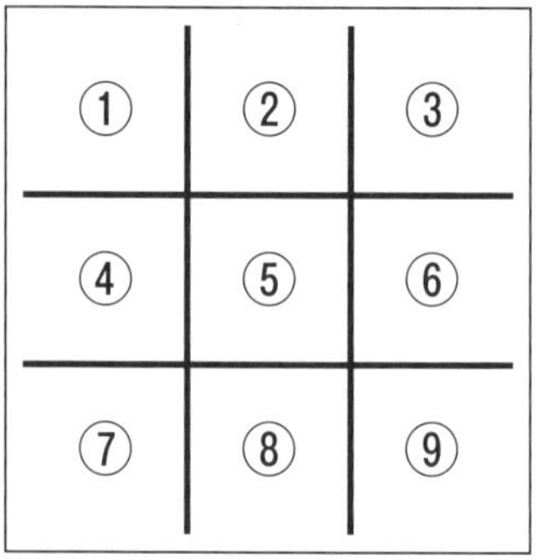

図1

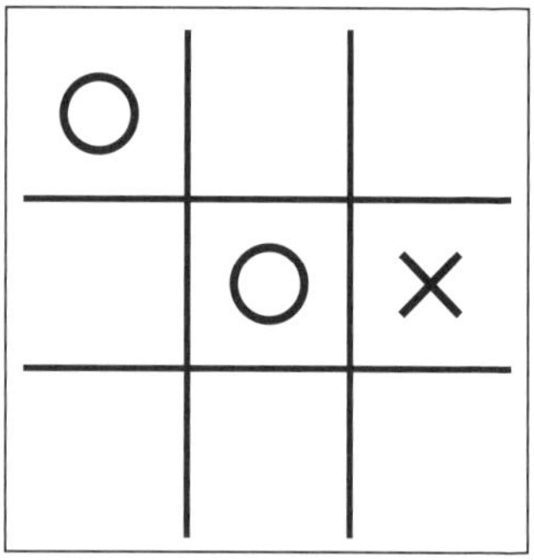
図2

位置の対称性（ひっくり返したり回したりして同じになること）を考えると先手が最初に○を書くマスとして考慮しなければならないのは①②⑤だけです。

先手が①に○を書いた場合、後手が⑥か⑧に×を書けば、その次にどこに○を書いても○は一列そろってしまい、負けます。例えば図2のようになった場合、後手が⑨に×を書かなければ、○は一列にそろいます。

先手が②に○を書いた場合も、後手が例えば④に×を書けば、⑨に○を書いても⑧に×を書かれて、○はその後一列そろってしまいます。

先手が⑤に○を書いた場合、どこに×を書かれても、⑤に対して書かれたのと反対の位置に○を書いていけば絶対に○が一列そろうことはありません。

例えば①に×を書かれたら⑨に○を、⑥に×を書かれたら④に○を、といった具合です。

したがって、先手が最初に⑤に○を書けば必ず勝つことができるので、このゲームは先手必勝のゲームです。

答え **先手必勝**

2 押せない!?

10cm以内のボタンとは、となりあう3つのボタンであり、数字の差が3以上のボタンは同時に押せないことがわかります。そのことを踏まえると、問題文は

「1から9までの数から、それぞれの差が3以上になるように3つ選ぶ組み合わせは何通り？」

という問題に言い換えられます。

(1,4,7)(1,4,8)(1,4,9)
(1,5,8)(1,5,9)
(1,6,9)
(2,5,8)(2,5,9)(2,6,9)
(3,6,9)

というように小さい順から数えて、答えは10通り。

答え **10通り**

3 ゆみちゃんの隣になる確率

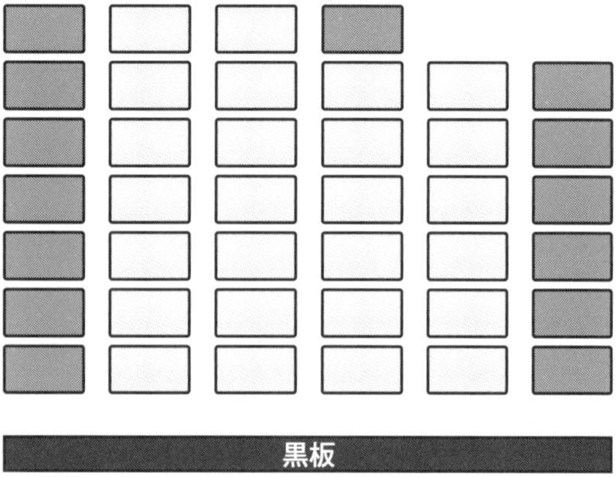

席の数は合計40あります。たかゆき君が上図のグレーの席になったときには、それぞれ隣は1席しかありません。ですから「たかゆき君がグレーの席のどれかになって、その隣の席にゆみちゃんがくる確率」は、

1/40×1/39×14＝7/780

たかゆき君が他の席になったときには、隣の席は左右に2つずつあります。「グレーでないどれかの席になって、その隣にゆみちゃんがくる確率」は

1/40×2/39×26＝1/30

したがって、求める確率は、

7/780＋1/30＝11/260

答え 11/260

ところで、「席替えをしたあと、たかゆき君がゆみちゃんの隣になれる場合は何通りありますか？」に関しては、たかゆき君が上図のグレーの席になる場合で14通り、たかゆき君が他の席になる場合で、26×2＝52通りなので、合計すると14＋52＝66通りです。2人の座り方は全部で40×39＝1560通りなので66/1560＝11/260としても確率は求められます。

4 変則トーナメント

トーナメントで勝たなければいけない回数と合計をあわせて表に整理します。

順位	国名	勝ち数	トーナメント	合計勝利数
1	米国	7	1	8
2	日本	6	2	8
3	オーストラリア	5	3	8
4	カナダ	3	4	7
5	台湾	3	5	8
6	中国	2	6	8
7	ベネズエラ	1	7	8
8	オランダ	1	7	8

表より、カナダが最小の7勝で優勝にたどり着けることがわかります。

答え **カナダ**

【発展問題の解説】

総当たり戦は合計8×7÷2＝28試合行われるので、

28÷8＝3.5

という計算から、どのチームも4勝か3勝しかしないのであれば、得失点差で優ることにより4勝で総当たり戦の首位となることが可能です。トーナメントと合わせて、4＋1＝5勝より少なくなることはありません。

答え **5勝**

5 カワシマ君の出席番号は？

解き方の方針で述べたように、「確定できるところは確定した上で、次の一手は極端なところ（情報量の多いところ）から」というのが推理問題の定石です。

まず、タカハシ君は28番。次の決定的な記述「出席番号順ではクロモト君の次はコダマ君なのですが、ふたりの席ははなれています」から、クロモト君がいちばん後ろで、コダマ君がいちばん前ということがわかります。

このことからクロモト君は16番か24番ですが、「黒板を向いてクロモト君の左前がスズキ君です」から、スズキ君23番→クロモト君16番が確定します。このこととア行が9人いることからカワシマ君の出席番号は10〜15番の6つに絞られます。今まで苗字が挙がった人がカワシマ君の列にはいないことから、ウチヤマ君5番、カワシマ君12番が確定します。

8	クロモト	24	32	40	48	8列目
7	15	スズキ	31	39	47	7列目
6	14	22	30	38	46	6列目
ウチヤマ	13	21	29	37	45	5列目
4	カワシマ	20	タカハシ	36	44	4列目
3	11	19	27	35	43	3列目
2	10	18	26	34	42	2列目
1	9	コダマ	25	33	41	1列目

黒板

答え **12番**

6 斜め線

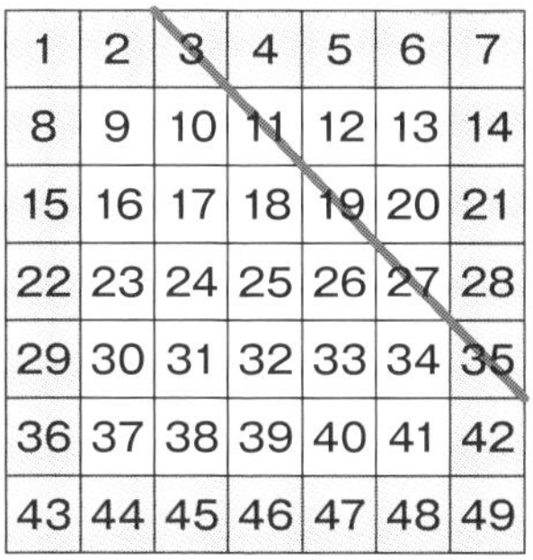

縦の列で考えます。すると、**同じ列の数はすべて、7で割った余り（左から1, 2, 3, 4, 5, 6, 0）が同じであることがわかります**。

このことにより、全部の数を余りに置き換えてみると考えやすくなります。

例えば図のように3, 11, 19, 27, 35に線が引かれたとき、余りに置き換えると左から順に3, 4, 5, 6, 0となります。この和を7で割った余りと、置き換える前の数の和を7で割った余りは同じなので、

（3＋4＋5＋6＋0）÷7＝2　余り4

よって余りは4となります。以下同様に考えます。

問題文より、線が途中で止まることはないので、**左右両端の列の数はどちらかは必ず含まれます**。このことを考慮して、選んだ数の余りの和が7の倍数になるものは、①1から6の列まで引く、②1から0の列まで引く、③7の倍数のみに引く、の3パターンがあります。

したがって、1から斜め下に49まで、8から斜め下に48まで、36から斜め上に6まで、43から斜め上に7まで、7, 49のみの計6通りが条件を満たします。

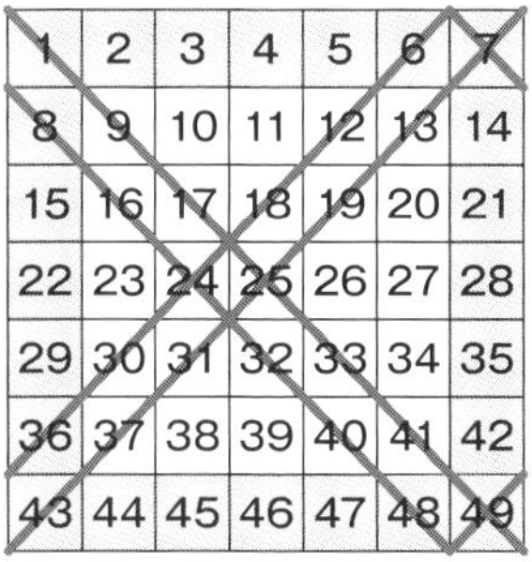

答え　6通り

7 十字切り抜き

上から1段目と5段目ではくりぬかれる立方体が0個なのは明らかです。2, 3, 4段目の断面図を考えます。塗りつぶされた部分がくりぬかれる立方体です。

この図より、2段目は9個、3段目は21個、4段目は9個なので、合計39個となります。

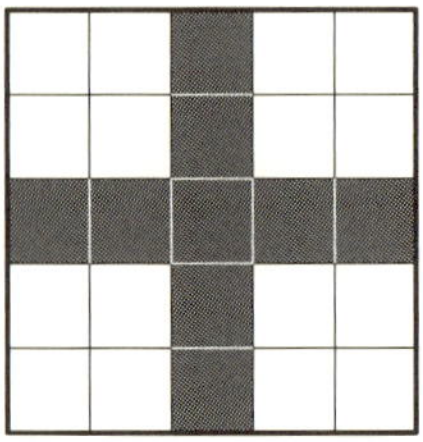

2段目

3段目

4段目

答え **39個**

8 ベルトコンベアーとカード

中心のカードnが9以下のとき、つなぎ目は左側か中心にあるため右側の8枚のカードはn＋1からn＋8までの連続する数となり、その和は8n＋36となります（1からmまでの和はm（m＋1）÷2）。

nが9より大きいとき、つなぎ目は右側にあるため左側のカードはn－8からn－1までの連続する数となり、その和は8n－36となります。

また、8の字の左右のカードの和がともにnの倍数となるとき、全カードの総和153もnの倍数となります。

したがって、8n＋36（または8n－36）と153がnの倍数であればよいことになります。8n＋36（または8n－36）がnの倍数であるためには、36がnの倍数であることが必要です。このように考えると、結局、36と153がnの倍数であること、すなわちnが36と153の公約数であればよいことがわかります。このことから、中心のカードnは1，3，9のいずれかとなります。

答え 1,3,9

9 誤解の多い話

「犬の裏はB」つまり「表が犬ならば裏はB」という命題が正しいかどうかと、「裏がBならば表は犬」が正しいかどうかは関係ないことに気づいたでしょうか。Bの裏はヒツジでも何でもかまわないのです。ですからBのカードは裏返す必要はありません。またクマとキリンのカードも裏返す必要はありません。

ではAのカードはひっくり返す必要があるでしょうか。よく考えてみれば**「表が犬ならば裏はB」が正しいためには、「裏がBでなければ表は犬ではない」も正しい必要がある**ことがわかります。一般に、「pならばq」という命題は「qでなければpではない」という命題と同じ意味で、片方が正しければもう一方も正しいはずです。この2つの命題の関係を「対偶」といいます。

もし、Aのカードの表が犬であったら、「犬の裏はB」(「表が犬ならば裏はB」) ということが正しくなくなってしまいます。このため、Aのカードは裏返す必要があります。答えは2枚です。

答え　2枚

10 1から26まで

「2通り以上で見える数がない」というのがこの問題最大の必要条件です（くわしくは「解き方の方針」を参照）。最初に「2」を「1」のとなりに置くか、裏面に置くかで場合分けを行います。やってみると、「1」のとなりに置くと2通り以上で見える数が出ることがわかります。ですので、「2」は「1」の裏面にあることが確定し、同時に「3」が必要であることも確定します。残った4面のうち、どこに「3」を置いても状況はかわりません。また、この時点で「1」～「5」が見えることがわかります。したがって、「6」が必要であることがわかりますが、「3」のとなりに置くか、裏面に置くかは場合分けして試す必要があります。「3」のとなりに置くと、2通り以上で見える数が出るので、「3」の裏面に置くことが確定します。あとは、その時点で見える数と見え方を考え、「9」と「18」が確定し、図のような配置が正解となります。

表裏の数の対が図と同じなら配置がずれていても正解です。

答え

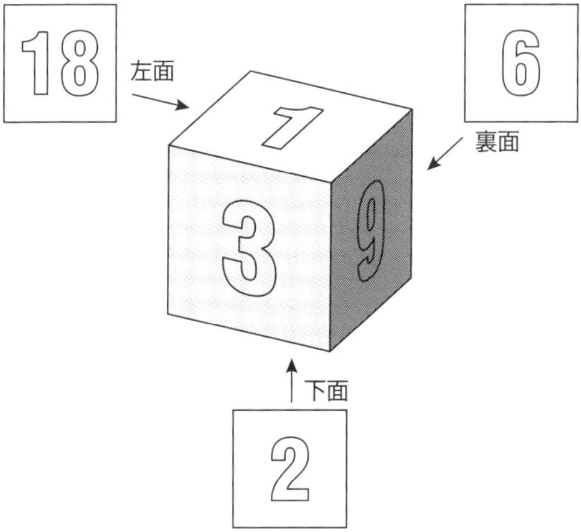

11 いちばん上の面は？

まず、いちばん下のサイコロについて考えます。側面に3が見えていて、その裏面は4のはずです。よって上面になる可能性があるのは1,2,5,6のどれかですが、重なる面どうしの和が6という条件を、上面が6の場合は満たせないので外れます。残った1, 2, 5について、重なる面（下から2番目のサイコロの下面）の数を考え、その裏面の数からさらに上のサイコロの重なる面も考えて、書き出していきます。

すると下図のように、条件が成立するのはいちばん下のサイコロの上の面が1で、いちばん上のサイコロの上面が6のときのみとわかります。

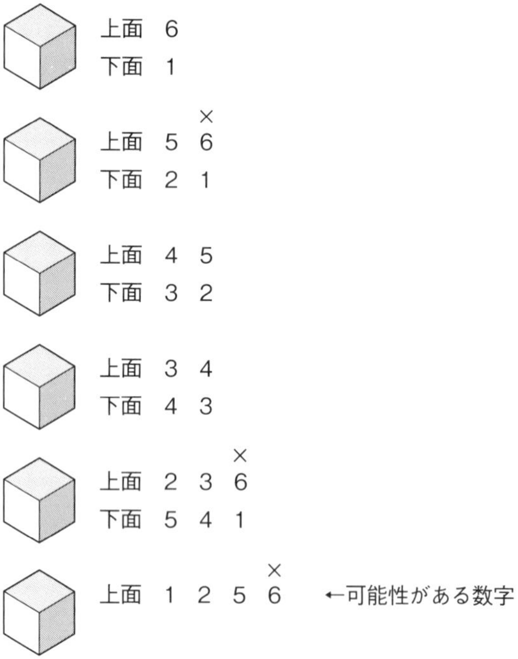

答え　6

12 サッカーボール

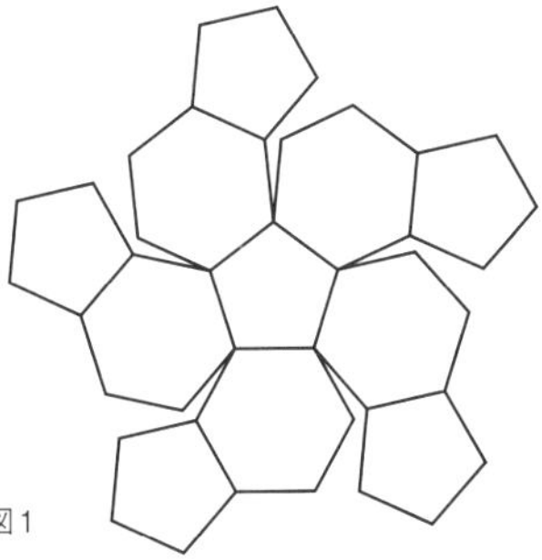

図1

図中心の正五角形に正六角形は5枚集まっています。また、どの正六角形をとっても3枚の正五角形に囲まれていますね。問題文によれば正五角形の数は12枚。

単純に正五角形の枚数を5倍しただけでは正六角形の枚数を3回重複して数えることになるので、さらに3で割ったものが正六角形の枚数です。

$12 \times 5 \div 3 = 20$

答えは20枚です。

別解として、1つの頂点に集まる面について考えることによって解くこともできます。どの頂点をとっても、1つの頂点には、正五角形1枚と正六角形2枚がありますね。したがって、頂点の数についての式を作ると、

5×（正五角形の枚数）＝6×（正六角形の枚数）÷2………（＊）

が成立していなければなりません。この式に正五角形の枚数を代入しても解くことができます。

答え　20枚

発展問題の解説は次頁→

【発展問題の解説】

正五角形の枚数が与えられていなくても、（＊）の式のほかにあと1つ条件となる式があれば、正五角形と正六角形の枚数を求めることができます。正五角形と正六角形を図1の展開図のような規則で並べたとしても、多面体として閉じた立体になるとは限りません。多面体として、閉じた立体になるための条件として、オイラーの多面体定理という定理があり、

$E=V+F-2$　（E：辺の数　V：頂点の数　F：面の数）

を満たさなければなりません。サッカーボールの場合を当てはめると

E＝［5×（正五角形の枚数）＋6×（正六角形の枚数）］÷2

（辺は必ず2つの面で共有されるため2重に数えられる）

V＝［5×（正五角形の枚数）＋6×（正六角形の枚数）］÷3

（頂点は必ず3つの面で共有されるため3重に数えられる）

F＝（正五角形の枚数）＋（正六角形の枚数）

となります。これをオイラーの多面体定理にE、V、Fを代入した式と、（＊）の式との連立方程式を解くと、

正五角形の枚数＝12

正六角形の枚数＝20

が導かれます。ちなみに、サッカーボールは、正三角形が20枚集まってできた正二十面体の12個のすべての頂点を切り落としてできた形ですので、正五角形が12枚、もともとあった面の数の20枚が正六角形、と考えることもできます。

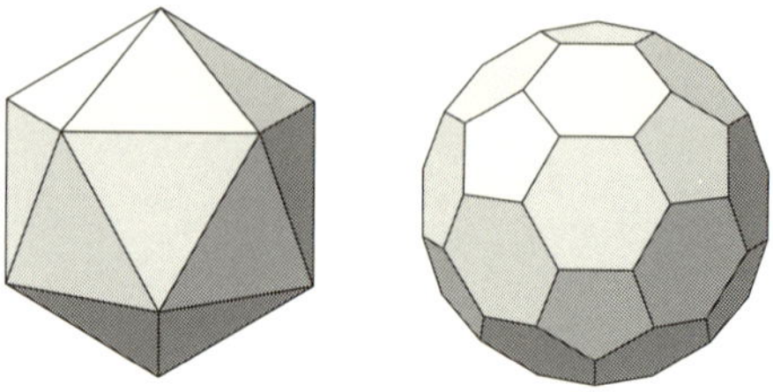

答え　20枚

13 虫食い算1

		2	□	□	①
	×		3	4	②
	□	□	□	2	③
	□	□	□		④
□	□	□	□	2	⑤

①×34＝［5桁の数］なので、①は10000÷34以上になります。

10000÷34＝294.1……

となるので①としてありうる数は295～299です。このうち⑤の一の位が2となる数は298のみです。これをあてはめて計算すれば、すべての□が埋まります。

答え

		2	9	8	①
	×		3	4	②
	1	1	9	2	③
	8	9	4		④
1	0	1	3	2	⑤

14 嘘つきは何人？

この問題の最大のポイントは、「10人全員が発言している」ということです。ある人物が嘘つきでなく、言っている内容が正しいとした場合、他の数字を言っている人はすべて嘘つきとなりますね。

10人すべてが発言しているため、ある人物が「n人」と言っている場合には、その人が嘘つきでないと仮定すると正直者は10－n人。つまり、10－n人が同じ内容を発言していないと矛盾が生じてしまいます。逆に、「n人」と発言している人が10－n人いる場合、それが真実であり、嘘つきはn人となります。

「7人」と発言している人がA、F、Iの3人いるため、7人が答えとなります。

答え 7人

【発展問題の解説】

まず、7通りの返事があるということは、そのどれかが正しいとしても、少なくとも6人以上が嘘つきのはずです。

「6人が嘘つき」ということになると、E・Fが正しいですが、残り7人が嘘をついており、矛盾します。

「7人が嘘つき」とすると、D以外の8人が嘘をついており、矛盾します。

「8人が嘘つき」とすると、9人全員が嘘をついており、矛盾します。

「10人が嘘つき」とすると、A・Hは正解となるが、残り9人だけなので矛盾します。

「11人が嘘つき」とすると、Aは正解となるが、残り10人だけなので矛盾します。

残った「9人が嘘つき」が矛盾せず、正解となります。

答え 9人

⑮ ゴールデンウィーク

同じ日付で、1年経つと曜日がどう変わるかを考えます。平年の場合、1年は365日、1週間は7日間なので、

365÷7＝52余り1

したがって、今年の元日が月曜日だったら来年の元日は火曜日、というように、1年間経つと同じ日付でも曜日が1つずつずれることがわかります。ただし、閏年は366日となるので、このときは曜日は2つずれます。

2013年のゴールデンウィークの3連続する祝日（5月3日〜5日）は金、土、日。この3つの祝日が土、日とうまく重ならないように連続すればちょうど5連休になります。つまり、3つの祝日が、月、火、水もしくは水、木、金になればよいとわかります。これは曜日で考えると、2013年から考えて、5月3日の曜日が3個（金→月）、5個（金→水）、10個（金から次の次の週の月）…ずれた年ということになります。

2012年の次の閏年は2016年です。閏年で1日増えるのは2月29日なので、閏年のまさにその年の5月3日は前年と曜日が2つずれます。これを考慮し、ゴールデンウィークの曜日のずれを考えると、2013年を基準に2014年から1年ごとに、1個（2014年）、2個（2015年）、4個（2016年）、5個（2017年）、6個（2018年）、8個（2019年）…とずれが累積していくことがわかります。以上より、2013年以降で振替休日を使わずにゴールデンウィークが5連休になる最初の年は、曜日が5個ずれた年、つまり4年後の2017年であるとわかります。このときゴールデンウィークは水、木、金、土、日の5連休になります。

答え　4年後（2017年）

【発展問題の解説】

2005年の祝日法改正による振替休日も考慮し、有休休暇をなるべく少なく使って最長の連休になるのは、29日が水曜日になる場合です。**4月30日と5月1日を有給休暇で休めば、2日が土曜日で休み、3日、4日、5日と国民の祝日で休み、さらに6日が振替休日になるので、計8連休になります。**例えば2015年、2020年がそのケースにあたります。

16 3本の物干し竿

12mを測る上で最後に使う物干し竿は、7m、11m、13mのいずれかですから、

7＋5

11＋1

13－1

の3つしか可能性がないことがわかります。そこで、「5」か「1」を測ることができるか検討します。

5＝11＋7－13　もしくは、 5＝11－（13－7）

の2通りで作ることができます（2つの式は、計算する順番を入れ替えただけです）。「1」を測ることはできませんので、例えば図が答えとなります。

答え

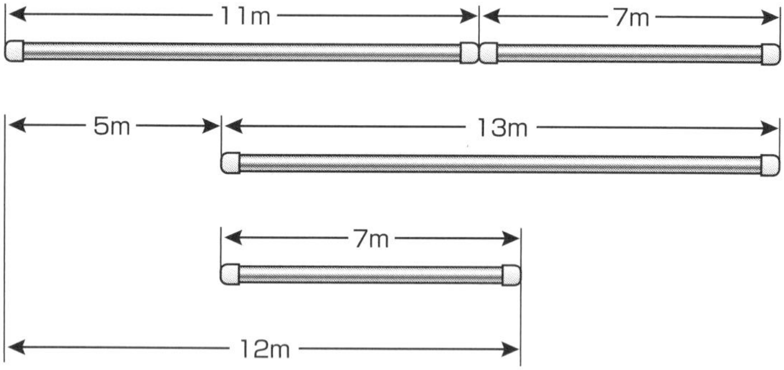

【発展問題の解説】

計算途中に整数しか出てこないように四則演算するのでは、逆算しても10はうまく作れませんね。そこで、分数あるいは小数が出てくる割り算を使う発想が必要だとわかりますが、たとえば、7で割る割り算が出てくる演算で、最後に10にできるでしょうか？　もう1つ7の倍数をつくらなければ整数になりませんね。

10をつくるためには、割る数が3や7では不可能だということが、少ない実験でわかります。

一方、分母が4になる分数を使って、8をかければ少なくとも整数にはなります。そこで、最後8をかけることを検討すると、残りの3、4、7を使って、10/8つまり5/4が作れればいいわけです。そうすると試す機会は限られていて、3－7/4＝5/4というのが見つかります。したがって、答えとなる式は、

（3－7/4）×8＝（3－7÷4）×8

となります。

答え　**（3－7÷4）×8**

17 同じ数は1回だけ

すみの1と19は通るので、上から3段目の1は通りません。1つしかない11も必ず通ります。11と隣り合う7と15も通ります。もう一方の7と15は通りません。

左上の1の次は3を通るしかありません。よって上から1段目の3は通りません。行き止まりになるので、その隣の8も通りません。このように考えていくと、下図のルートが正解となります。

答え

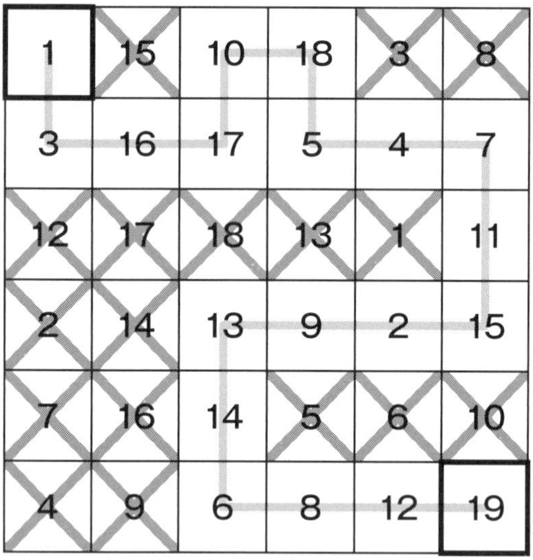

18 中国伝来ゲーム

答え

2	2	2	3	5	5	6	6	7	7	9	9	9

（1） 1, 3, 4

2	2	3	3	4	4	5	5	6	6	7	8	8

（2） 1, 4, 7

1	1	1	2	3	4	5	6	7	8	9	9	9

（3） 1, 2, 3, 4, 5, 6, 7, 8, 9

19 しんぶんし

対称性を利用してスタートの「し」の場所として考慮する必要がある箇所を、下の２つにまで絞り込めます。それぞれの場合を調べて、それぞれに4をかければ、答えが求まります。

左：「しんぶ」までは1通り。4文字目の「ん」が3通りで、それぞれについて最後の「し」への進み方が3通り。スタートの「し」の対称性を考慮すると、4×3×3＝36通り。

右：2文字目の「ん」が2通り。3文字目の「ぶ」は1通り。ここで注意しなければならないのは、4文字目の「ん」の選び方で、場合分けが異なるということ。2文字目の「ん」を「ぶ」の上に進んだと仮定した場合、4文字目の「ん」として左または下の「ん」に進むと、5文字目は各3通り。4文字目の「ん」として右の「ん」に進んだ場合は、5文字目は2通り。このことを考慮し、さらにスタートの「し」の対称性も考慮すると、4×2×（3×2＋2）＝64通り。

したがって、36＋64＝100通り。

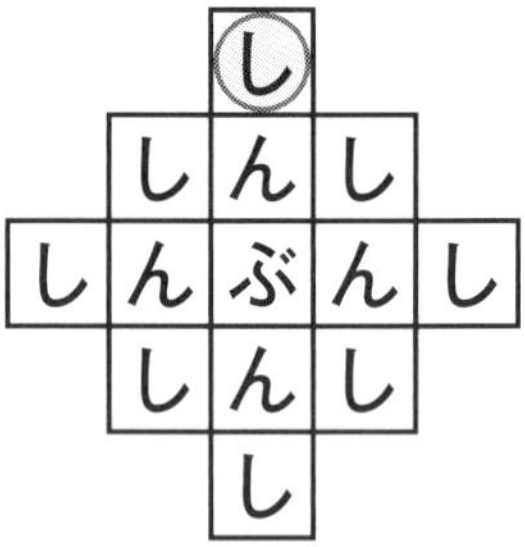

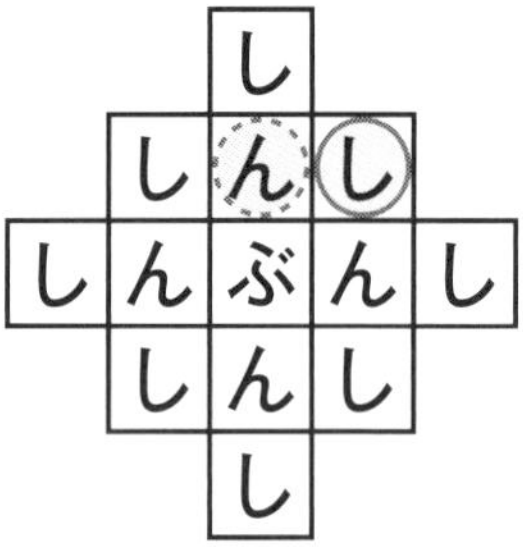

答え **100通り**

【発展問題の解説】

同じく対称性を利用することにより、図の3つのBからはじまるものをそれぞれ数えます。対称性を考えると、いちばん上のBについては4倍、その下の2つのBについてはそれぞれを8倍すればよいことがわかります。また、Wは中央に1つしかないため、Wからの進み方はどのBからスタートしたかには関係がありません。つまり各Bからの進み方を数えるたびにWからの進み方を数える必要はなく、一度数えるだけでいいことがわかります。ここで、「いずれかのBからWへ行くこと」と「WからいずれかのBに行くこと」は往路と復路の関係になっていることに気づきます。この対称性も考えると、往路の経路の数を2乗すると、往復の経路のとり方の数が求められることがわかります。

いちばん上のBからWへの往路は1通り、2番目のBからWへの往路は5通り、3番目のBからWへの往路は10通りですので、

$$(1\times4+5\times8+10\times8)\times(1\times4+5\times8+10\times8)=124^2$$

$$=15376\ \text{(通り)}$$

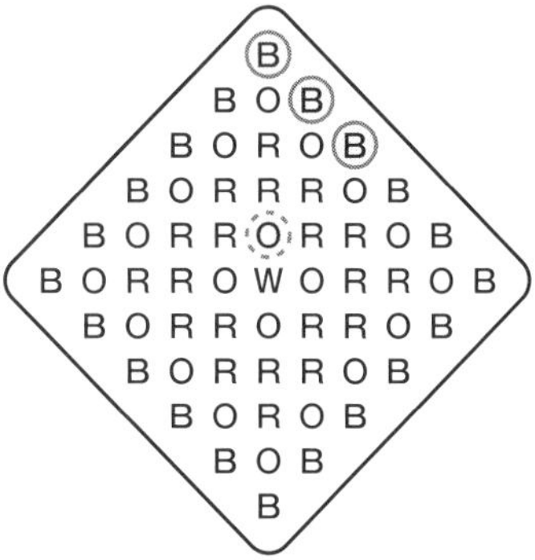

答え　15376通り

20 多い勝ち !!

それぞれの「多い勝ち」で最も少ない人数に絞り込めるように勝負が進んだ場合が、勝ち残りが２人になる最も少ない回数となるはずです。

１回の「多い勝ち」で勝ち残れる最少人数は、その回の参加人数を３で割った数より少しだけ多いということになります。30人で「多い勝ち」をしたときは、30÷３＝10人より少しだけ多い数は11人で、これより勝ち残りが少なくなることはありません。

２回目の「多い勝ち」の参加人数は11人ですから、最少の勝ち残り人数は11÷３＝３余り２ですが、３人より少し多い４人では「４人、４人、３人」と分かれることになり、勝ちが決まりません。勝ち残るのは５人です。同様に考えていくとそれぞれの「多い勝ち」の最少勝ち残り人数は

30→11→5→3→2

であるとわかります。これより４回が正解となります。

答え　4回

【発展問題の解説】

天秤はかりを使った最少回数の問題でポイントとなるのは「はかりに載せないおもりも判断材料にする」ということです。つまり、２つの皿に載せたおもりと載せないおもりの３要素で考えていく、ということです。

９個のおもりを３個ずつの３グループに分け、そのうち２つのグループをそれぞれ皿に載せます。すると以下のように場合分けができます。

・どちらかが重くなる場合　　重くなった皿のグループに重いおもりがあります。

・つりあっている場合　　はかりに載せていないグループの中に重いおもりがあります。

重かったグループがわかれば、そのグループの３つのおもりのうち２つをそれぞれ皿に載せてはかれば、同じ方法で重いおもりがどれか判明します。したがって、全部で２回はかることにより、重いおもりを特定できます。

答え　2回

21 PK戦

たかゆき君まで回ってこない確率を求めて、1から引きます。回ってこないのは、たかゆき君の巡番になった時点で、①「3巡目の後攻まで2対0か3対1で自チームがリードしていて、4巡目先攻で点が入らないとき」か「3巡目後攻までで3対0でリードしているとき」、②「3巡目後攻まで0対2か1対3で自チームがリードされていて、4巡目先攻で点が入るとき」か「3巡目後攻までで0対3でリードされているとき」です。例えば敵チームあるいは自チームが「3巡目までに2点とる」ときの場合の数は1～3巡目のどれか1つで外すということなので、3通りあります。このため、「3巡目までに2点とる」確率は、$3\times\left(\frac{2}{3}\right)^2\times\left(\frac{1}{3}\right)^1$と計算されます。これに対し、「3巡目までで3点とる」の場合の数は1通りだけです。

このことを念頭にそれぞれについて確率を見ていくと、

A「3巡目の後攻まで2対0か3対1で自チームがリードしていて、4巡目先攻で点が入らない」の確率＝$\left\{3\times\left(\frac{2}{3}\right)^2\times\frac{1}{3}\times\left(\frac{1}{3}\right)^3+\left(\frac{2}{3}\right)^3\times\left(\frac{2}{3}\right)\times\left(\frac{1}{3}\right)^2\times3\right\}\times\frac{1}{3}$

B「3巡目後攻までで3対0でリードしている」確率＝$\left(\frac{2}{3}\right)^3\times\left(\frac{1}{3}\right)^3$

C「3巡目後攻まで0対2か1対3で自チームがリードされていて、4巡目先攻で点が入る」確率＝$\left\{3\times\left(\frac{2}{3}\right)^2\times\frac{1}{3}\times\left(\frac{1}{3}\right)^3+\left(\frac{2}{3}\right)^3\times\left(\frac{2}{3}\right)\times\left(\frac{1}{3}\right)^2\times3\right\}\times\frac{2}{3}$

D「3巡目後攻までで0対3でリードされている」確率＝$\left(\frac{1}{3}\right)^3\times\left(\frac{2}{3}\right)^3$

AからDまでを足すとたかゆき君に回ってこない確率が$\frac{76}{729}$と出るので、答えは$\frac{653}{729}$です。

答え $\frac{653}{729}$

22 いろは歌

「ん」を除いた現代の平仮名すべてを1回ずつ入力するのに必要な回数に「い」と「え」の入力回数2＋4を足したものが求める回数となります。現代のひらがなには、あ段からお段まであるのはあ行からま行までと、ら行の8つの行。これにや行の3文字、わ行の2文字、「い」と「え」の分を加えると、

（1＋2＋3＋4＋5）×8＋（1＋2＋3）＋（1＋2）＋2＋4＝135

となり、135回が答えとなります。

答え **135回**

【発展問題の解説】

（1）の答えは2016です。しかし、出題者はただ計算をさせたかったのではありません。（2）を解く発想につながる知識を撒いたのです。

（1）で抽出すべき学びは、「連続する7つの数に1つは、7の倍数があるな」という、言われてみれば当たり前のことです。しかし、この言われてみれば当たり前の性質が、問題を劇的に解決する発想のもとになります。

4けたの数字のうち、一の位だけを1～7で動かせば、ほかの位の数がどんな数だったとしても、そのうち1つだけが7の倍数になります。十の位、百の位、千の位に入れられるのは1～7の数字なので、可能なのは7×7×7＝343通り。これが答えとなります。

答え **343通り**

23 九九の表

九九の表に出てくる2けたの数字の中で、「9」を使うのは　49　だけ。「4」「9」以外の数字で最も出てくる回数が少ないのは「7」で27、72しかないことから、「2」「4」「7」「9」の4つの数字の使い方が決まります。

	1	2	3	4	5	6	7	8	9
1	1								
2	2	4							
3	3	6	9						
4	4	8	12	16					
5	5	10	15	20	25				
6	6	12	18	24	30	36			
7	7	14	21	28	35	42	**49**		
8	8	16	24	32	40	48	56	64	
9	9	18	27	36	45	54	63	72	81

	1	2	3	4	5	6	7	8	9
1	1								
2	2	4							
3	3	6	9						
4	4	8	12	16					
5	5	10	15	20	25				
6	6	12	18	24	30	36			
7	7	14	21	28	35	42	49		
8	8	16	24	32	40	48	56	64	
9	9	18	**27**	36	45	54	63	**72**	81

同様に考えると、「8」が出てくるのは18、81しかないので「1」と「8」の使い方が決定します。残った「0」「3」「5」「6」の組合せで作れる数は30、56のみです。

	1	2	3	4	5	6	7	8	9
1	1								
2	2	4							
3	3	6	9						
4	4	8	12	16					
5	5	10	15	20	25				
6	6	12	**18**	24	30	36			
7	7	14	21	28	35	42	49		
8	8	16	24	32	40	48	56	64	
9	9	**18**	27	36	45	54	63	72	**81**

	1	2	3	4	5	6	7	8	9
1	1								
2	2	4							
3	3	6	9						
4	4	8	12	16					
5	5	10	15	20	25				
6	6	12	18	24	**30**	36			
7	7	14	21	28	35	42	49		
8	8	16	24	32	40	48	**56**	64	
9	9	18	27	36	45	54	63	72	81

したがって5つの数字の組み合わせは、（30、49、56、「27または72」、「18または81」）ということになるので、可能な組合せは 4通りとなります。

答え　**4通り**

24 リーグで降格しないためには

降格する可能性のある下位2チームにならない、つまり絶対に9位以下にならない最低限必要な勝ち数を求めます。

9位になってしまういちばん運の悪い状況、つまり9位になるケースで最も勝ち数が多い場合とは、「8位以上のチームが9位のチームと比べて最も勝利数に差がない状態」です。この**最も運の悪い9位の勝利数より1勝多く勝てば他チームがどんな勝ち数でも必ず8位以上になれるはず**だ、というのが基本的な考え方です。

問題文を詳しく検討すると、勝利数が同じでもくじ引きにより順位がきまるので、9位になるケースでいちばん勝ち数が多いのは、**10位のチームは1勝もせず、残りの9チームの勝利数が同じで、くじ引きの結果9位が決まる場合**です。

全試合数を考えてみましょう。10チームがそれぞれ他の9チームと試合を行うので10×9で90としたくなりますが、A対BとB対Aといった重複を考えるとその半分、45試合です。したがって上で述べたように、10位が0勝で上位9チームの勝ち数が同じになるのは、45÷9より、上位9チームの勝ち数がいずれも5勝の場合です。このような状況が生じれば、けんた君の応援するチームが5勝しても、くじ引きで9位になり、降格する可能性がありますね。

もし、応援するチームが6勝すれば、どんなにくじ引きで運が悪くても8位以上にはなれます。応援するチームのほかに8チームが6勝以上すると、勝ち数の合計が全試合数を超えてしまうので、そのようなことはあり得ないからです。

答え **6勝**

【発展問題の解説】

この問題は極端な側から探索していきます。この6つの数字でできる最も大きな数は654321です。この数から出発して、上の位に大きな数が入る場合を順番に考えていきます。つまり、65□□□□で探して見つかれば64□□□□よりは必ず大きいのでそれが最大。65□□□□で見つからなければ64□□□□で探し、見つかればそれは63□□□□より大きいので最大。見つからなければ…というように探していきます。

まず、65□□□□（□には1, 2, 3, 4が入る）から考えます。
640000は64の倍数であり

65□□□□－640000＝1□□□□

なので、1□□□□が64の倍数になれば、65□□□□も64の倍数となります。使っていない1, 2, 3, 4を使って□を埋めても、64の倍数は作れません。

次は、64□□□□（□には1, 2, 3, 5が入る）を考えます。
64□□□□－640000＝□□□□
から、□□□□が64の倍数になればOKです。使っていない1, 2, 3, 5を使って□を埋めていきます。ここで64は偶数ですから、一の位は、2しかありません。残りの1, 3, 5を使って最も大きい数は5312ですが、

5312÷64＝83

から、5312は64の倍数です。よって、645312が最も大きい64の倍数となります。

答え **645312**

25 24本の時刻

各数字で使われる棒の数を書き出すと以下のようになります。

1	2	3	4	5	6	7	8	9	0
2本	5本	5本	4本	5本	6本	3本	7本	5本	6本

時間の十の位が0か1の場合

			:		
入る数字	なし・1	0〜9		0〜5	0〜9
使う棒の数	0か2	2〜7		2〜6	2〜7

時間の十の位が2の場合

			:		
入る数字	2	0〜3		0〜5	0〜9
使う棒の数	5	2〜6		2〜6	2〜7

これをもとに、デジタル時計の時間・分のそれぞれの位に入る数字と、その棒の本数を表にしてみましょう。時間の十の位が0か1の場合と、2の場合に場合分けして考えます。

時間の十の位が0か1の場合、そのほかに棒の数が最大となる数字を入れても、2+7+6+7=22本で、24本には足りません。時間の十の位が2の場合、そのほかに棒の数が最大となる数を入れると、5+6+6+7=24本。あてはまるのは、20：08だけです。

【別解】

棒の組合せで数字を表す表示の場合、棒の数を最大に使うのは「8」で7本です。もし時間・分のすべての位が「8」だとしたら、7×4=28本の棒を使用します。4つの数字の合計の棒の使用数が24本ということは、ここから4本を抜いて、時刻としてあり得る数字の並びになるようにするということです。それには時間の十の位は2で決定で、これで2本が抜かれたことになります。あと2本は時間の1の位と分の十の位を0にするしかありません。

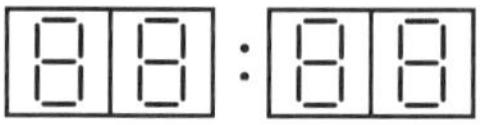

答え 20：08

26 お誕生会

ここでは3つの考え方を掲載します。

①3等分をさらに3等分する

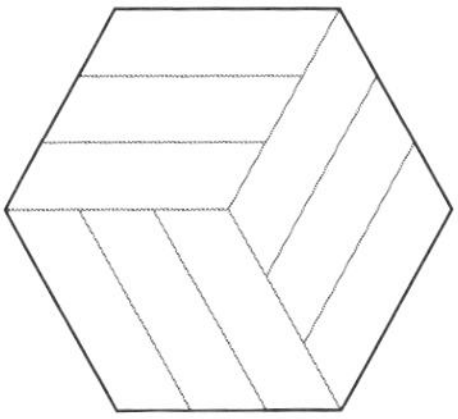

②6等分を9等分して6つ集める

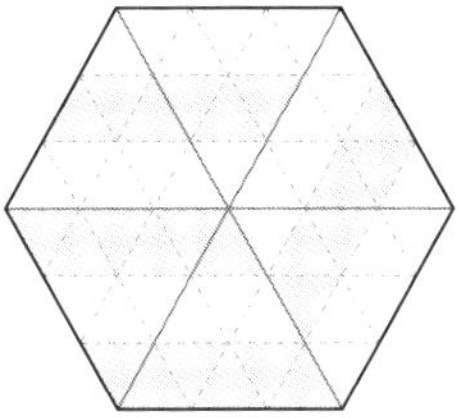

③6等分を6等分して4つ集める

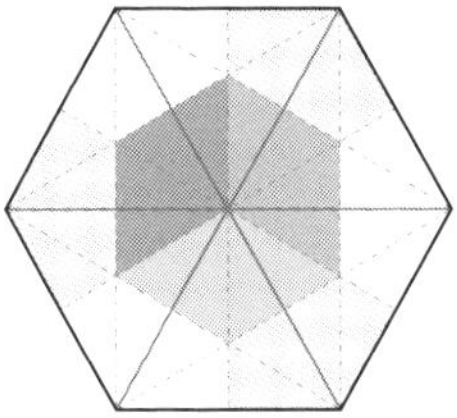

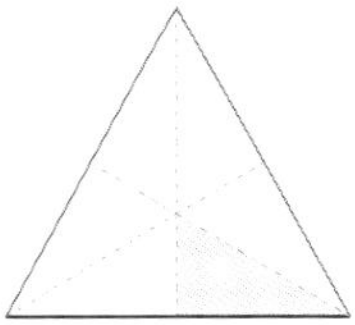

1つの三角形の面積は全体の1/36

図形の問題ですが、それぞれ次の数式に対応しています。

① $$\frac{1}{9} = \frac{1}{3} \times \frac{1}{3}$$

② $$\frac{1}{9} = \frac{1}{6} \times \frac{1}{9} \times 6$$

③ $$\frac{1}{9} = \frac{1}{6} \times \frac{1}{6} \times 4$$

数式から図形を考えてみるという視点も有効ですね。

27 4時間授業の日は？

「曜日」と「授業回数」について、つる亀算を応用して解いていきます。まず、すべての曜日が5時間目まであるとして計算してみます。授業のある日はカレンダーを見ると全部で18日間あるので、

　5×18＝90

したがって、全部で授業は90回となってしまいます。しかし問題文によれば実際には授業は87回なので、余計な3回分があることになります。

ここで、授業が4時間目まである日と5時間目まである日では授業の回数に1回分差があるので、その余分な3回分は、授業が4時間目までしかない日が3日間あれば解消できます。つまり、この月に授業のある日が3日間の曜日を選んで4時間授業の曜日とすれば、合計の授業回数が87時間となります。

この月の曜日ごとに授業のある日の日数をカレンダーで数えてみると、

　月曜：2日　　火曜：3日　　水曜：4日

　木曜：5日　　金曜：4日

となるため、授業日が3日間の火曜日を4時間目までしかない曜日とすれば、授業回数は

　5×15＋4×3＝87

となり、条件と一致します。

答え 火曜日

28 L字ジグソー

対称性を考慮すると、下図上段の5つのケースについて調べればよいことがわかります。それぞれのケースについて、うめつくせるかどうかを調べる過程を示した下図下段も見ていきましょう。

図1、図2の場合は例えば下段の配置でうめつくすことができます。図3、図4の場合はAの周囲を考えると、①に置くことが必要となり、L字2ピースずつで②③をうめることが必要となります。すると残った3×3のマスはL字ピースのみではうめつくすことができません。

図5については「Aの1マス上」にピースを置くには下段のような配置しかなく（ここでも対称性を考えています）、すみの斜線のマスにピースが置けないことが確定します。

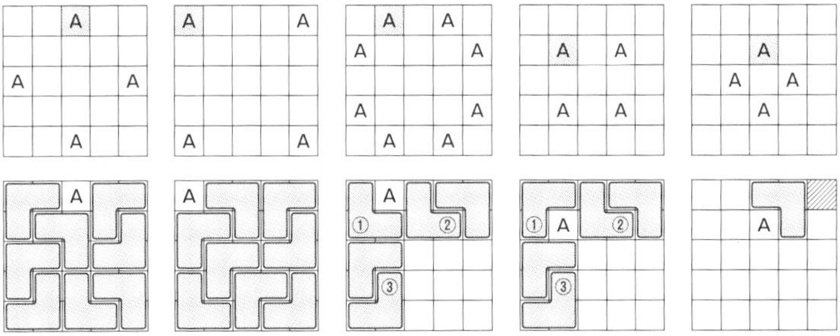

図1　図2　図3　図4　図5

以上から、うめつくすことのできないAの置き場所は、以下の図の×の位置です。

答え

	×		×	
×	×	×	×	×
	×		×	
×	×	×	×	×
	×		×	

発展問題の解説は次頁→

【発展問題の解説】

Aが中心にある場合にうめつくす方法は、以下の6通り。回転して一致する配置に注意しましょう。

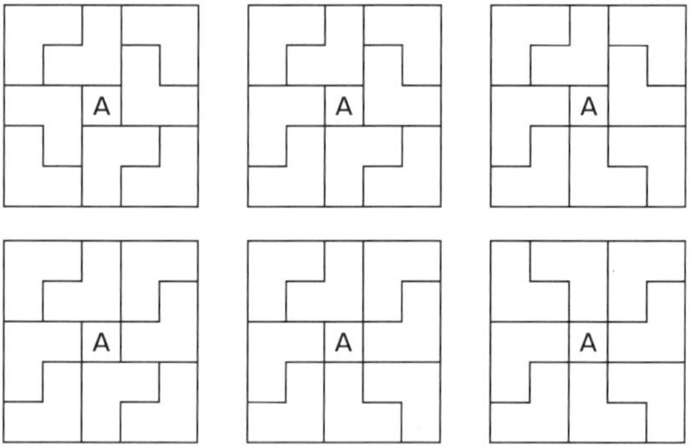

Aが先の解説図の1、2の位置にある場合は、以下のような置き方が可能です。

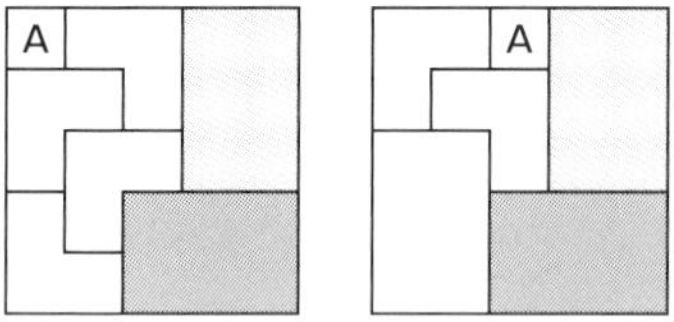

薄いグレーと濃いグレーで塗った2×3の長方形部分は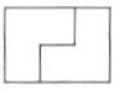もしくは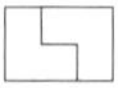の2通りのうめ方があるので、あわせて2×2 ＋ 2×2×2 ＝ 12通りあります。

以上より、うめつくすピースの置き方は合計で18通りです。

答え　18通り

29 自動販売機のランプ

商品	水	お茶	オレンジジュース	ビール
値段	100円	140円	150円	200円

枚数ごとに問題文の条件を整理すると以下のようになります。

1枚目　ランプがつかないため100円玉、500円玉ではない。10円玉か50円玉。

2枚目　まだランプがつかないので合計金額は100円未満。

3枚目　初めてランプがつくので合計金額は100円以上150円未満（150円以上だと、4枚目投入でさらにランプがついたときすべて点灯することになってしまうため）。

4枚目　さらにランプがつく商品が増えるので、合計金額は140円以上200円未満。

以上をもとに、1枚目から場合分けをしていきます。

・1枚目に10円玉を入れる場合（カッコ内はその時点の累計投入額）

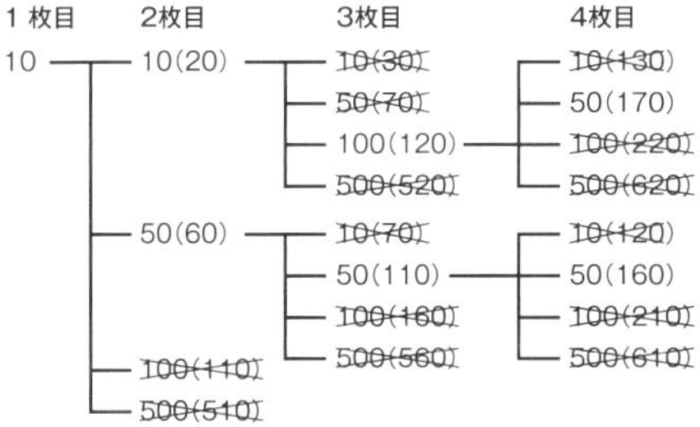

・1枚目に50円玉を入れる場合

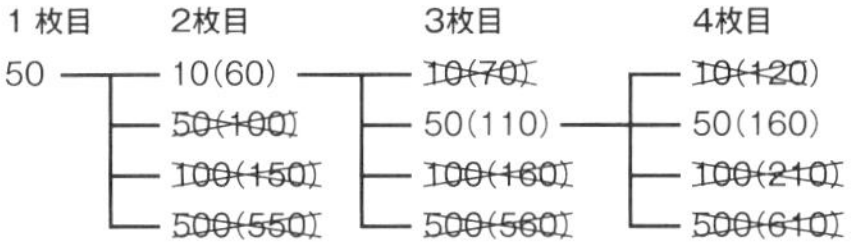

以上より、4枚目はどの場合でも50円玉だとわかります。

答え　50円玉

30 植樹

大学入試でもときおり出題される「鳩の巣論法」を使うシンプルな問題です。「鳩が10羽いて、巣が9つだったら、少なくとも1つの巣には2羽の鳩がいる」という論法です。この論法をこの問題に適用すると以下のように証明できます。

①正六角形の公園は下図のように6つの正三角形に区切ることができます。

②木は7本だから**少なくとも2本は、同じ正三角形の中に植えられます**。

③ところが1つの正三角形の中では、**最大限に距離を取れるのは三角形の2つの頂点に植えた場合でその距離は5m**。

以上から、少なくともどの2本かは距離が5m以下になってしまうことが証明されました。

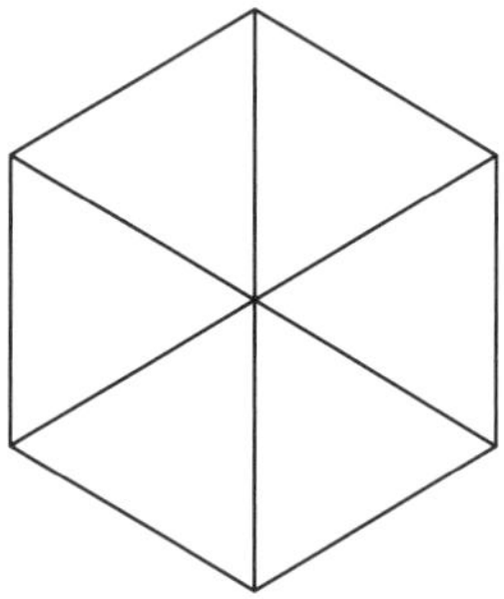

31 時計の針

A時B分での短針・長針が12時の方向となす角が等しいので、

$$30 \times A + 0.5 \times B = 6 \times B$$

という方程式が立ちます。ここから

$$B = \frac{60}{11} A$$

の関係が得られます。

ここで、上述の2式から

$$(\text{短針・長針が重なるときの角度}) = 30 \times A + 0.5 \times B = 6 \times B = \frac{360}{11} A$$

であることがわかります。これは針が重なるときの角度を「時」だけで表しています。例えば、3時台に短針と長針が重なるときの12時の方向からの角度は、

$$\frac{360}{11} \times 3 \ (\text{度})$$

であるということです。このように表現すると、**角度が3倍になるためには「時」の数値が3倍になればいい**、という言い換えができます。

12時の方向からの角度を測っているので、3倍した角度が360°を超えてはいけません。このことを考慮して0時を除いてA時としてあり得るのは、1時、2時、3時の3通りであることがわかります。

答え 3通り

【発展問題の解説】

短針と長針が重なる時刻間隔と角度間隔は

時間：「1時間と5分と少し」（正確には1時間と5分と5/11分です）

角度：「30°と少し」（正確には32°と8/11°です）

です。このことを利用すれば、角度が3倍になるのは

1時台→3時台、2時台→6時台、3時台→9時台

の3通りであることがわかりますね（4時台では初めの角度が120°を超えているため、3倍すると360°以上となり、1周してしまいます）。

32 カードゲーム

このゲームにおいては、1セットで勝った場合には必ず別のセットで負けてしまいます。

Bの勝ち点が6の場合の、3回のセットそれぞれでの勝ち点の取り方を考えてみましょう。上記の条件からBがとった勝ち点の組合せとして〈2, 2, 2〉と〈1, 2, 3〉はあり得ません。よって、3回のゲームでの勝ち点の組合せは〈3, 3, 0〉と決まります。

Bが2セットで1人勝ちをしなければならないので、Bが「2」を出したセットでの相手2人は「1」「1」、Bが「3」を出したセットでの相手2人は「2」「2」しかありません。すると、自分が「1」を出したときの相手2人は「3」「3」に決まります。つまり、3人のカードの出し方の「組合せ」は1通りしかないことがわかります。あとは、Bが3枚のカードを出す「順列」（順番）が何通りあるか検討すればいいことになります。3枚のカードの順列は、全部で6通りなので、これが答えです。

答え **6通り**

【発展問題の解説】

この問題は、「インディアンポーカー」というトランプのゲームを題材に作成されています。

たとえば、4人が「1, 2, 3, 4」を持っていたとして考えてみましょう。「1」を持っている人から見たら、周りの人は「2」「3」「4」を持っています。ここで、「1」を持っている人は自分の持っているカードがいちばん小さい数だとわかるでしょうか？　自分の持っているカードは「1」ではなく「5」か「6」かもしれないので、自分の持っている数がいちばん小さいとはわかりませんね。同じように、「2」を持っている人も、「3」を持っている人も、自分の持っているカードの数が何番目に大きいかはわかりませんね。

しかし、「4」のカードを持っている人はどうでしょう？　他の人が持っている数が「1」「2」「3」なのですから、自分のカードの数は「4」か「5」か「6」ですね。そのどの数だったとしても、自分のカードの数は4人の中でいちばん大きいことがわかります。

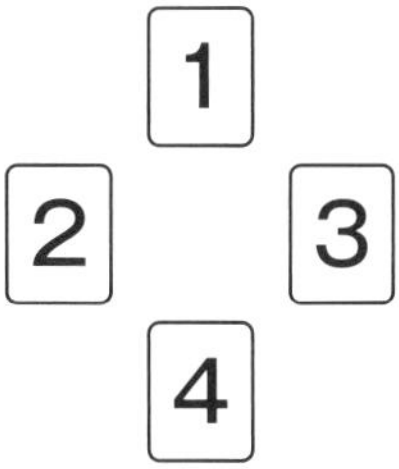

他の数でも実験して「要するに、他の3人のカードの数が、小さかったり大きかったり極端であればいいんだな」ということに気づけたらしめたものです。そこに気づけたら、他の3人のカードの数は、「1, 2, 3」「4, 5, 6」「1, 2, 6」「1, 5, 6」しかない、と答えを絞ることができます。

その必要条件から、「1, 2, 3, 4」「1, 2, 3, 5」「1, 2, 3, 6」「1, 4, 5, 6」「2, 4, 5, 6」「3, 4, 5, 6」「1, 2, 4, 6」「1, 2, 5, 6」「1, 3, 5, 6」の候補が出てきますが、今候補を出していったのは、ある1人から見たら自分の順番がわかる、ということしか調べておらず、順番がわかるのが1人だけかどうかは、改めて調べなければいけませんね。たとえば「1、2、3、6」は3と6を持っている2人が、自分が何番目に大きいかわかってしまいます。このことを検討すると、答えが出ます。

答え **「1, 2, 3, 4」「1, 2, 3, 5」「2, 4, 5, 6」**
「3, 4, 5, 6」「1, 2, 4, 6」「1, 3, 5, 6」

33 鍵の番号は？

重要なのは、**①も②も一連の動作を6周すると元に戻りますが、どちらの方法でも、その間にすべての番号（1111～6666までのすべて）を経由するわけではない**、ということです。①と②のどちらのやり方でも鍵があいたことから、**開錠番号は①と②のどちらの方法でも共通して登場する番号のはず**で、その条件を満たす番号はそれほど多くないのではないか、と考えられます。

上2けたが一致するのは限られていることに注目して実験してみると、2つの方法どちらにも登場する番号は

4136 5136 5236 4135

しかないことがわかります。最初の10回に登場する番号は答えにならないので、4135のときのみ、開錠番号の条件を満たします。

答え **4135**

34 白鍵と黒鍵の差は？

白鍵と黒鍵の数の差が増減する原因は、

①シとドの間、ミとファの間に黒鍵がないこと

（どちらかを通過するたびに差が1生まれる）

②両端の選択によって生じる差

（i）両端が白鍵の場合、①より更に差が1大きくなる

（ii）両端が白鍵・黒鍵の場合、差はかわらない

（iii）両端が黒鍵の場合、①から差が1減る

です。

この問題は最大最小の問題ですので、最大、最小の状況が生じるであろう最も極端なケースを考えましょう。

鍵盤の合計を最も小さくするためには、（i）でさらに「シ」を左端にするとき。シとド、ミとファを1回ずつ通過します。シから始まり、次のファで終わるとき差が3になり、鍵盤の数の合計は7です。

鍵盤の合計を最も大きくするためには、（iii）でさらに「ファ♯」を左端にするとき。シとド、ミとファを2回ずつ通過します。ファ♯（ファとソの間の黒鍵）から始まり、3つ目のラ♯（ラとシの間の黒鍵）で終わるときで、鍵盤の数の合計は29です。

したがって答えは7以上29以下です。右端・左端を1オクターブずつ右か左にずらす押さえ方を除けば、この押さえ方以外にはありません。

答え　7以上29以下

35 三冠王への夢

両チームともに得点が最も少なくなる状況を考えると、10回裏のあなたの打席で1打点が入り、11回裏に満塁ホームランを打つことが必要となります。

10回裏にあなたに打席が回るまで、8番9番1番2番3番の5人がいます。この回の1点をあなたがとるためには、それまで誰も得点を入れず、かつ3アウトにならないことが必要です。すなわち、「2アウト満塁」で打席が回り、1点だけ得点したのち5番打者がアウトとなることで延長11回に持ち込むことができます。この時点で4－4の同点です。

11回表が終わり、11回裏は6番から始まる打順ですから、あなたの前に7人の打者がいます。あなたに打順が回るときにチームが入る得点は最低でも2点（5人が安打、2人がアウト）です。従って、あなたの打順前にサヨナラ勝ちとならないためには、相手チームは11回表で2点取る必要があります。あなたは11回裏2アウト満塁でホームランを放ち1安打4打点を得て、自チームサヨナラ勝ちに導くとともに三冠王に輝きます！
このときの相手チームは4＋2＝6点、あなたのチームは4＋2＋4＝10点です。以上から、両チームの得点の合計は少なくとも16点であったと言えます。

答え **16点**

36 引き分けは何回？

AからFが総当たり戦を行ったので、試合数は15試合。すべての試合で発生した勝ち点は、表の値を合計して41点。もし、すべての試合で勝敗がついたとしたら、発生する勝ち点は15×3 ＝ 45点。引き分けの試合が1試合増えると、全体の勝ち点は3－2＝1で、1点減るので、引き分けの試合数は、45－41＝4から4 試合であるとわかります。

しかし、厳密に言えば、

「勝ち点が表のようになる」ならば「引き分けは4試合である」

という命題が正しいことを示さなければなりません。一般に、「pならばq」という命題が正しいことを示すには、「pにとってqが必要条件になっているか」「qにとってpが十分条件になっているか」の両方を示す必要があります。

ここまでに「勝ち点が表のようになること」にとって「引き分けが4試合であること」が必要条件であることは示されました。しかし、「引き分けが4試合であること」が「勝ち点が表のようになること」の十分条件であること、つまり、「引き分けが4試合である場合に勝ち点が表のようになりうること」は示されていません（これが満たされない場合は、問題の設定が破綻していて、答えがないということになります）。下の表のような勝ちと引き分けの試合数であれば、4試合の引き分けで勝ち点数の表の通りになることが確認され、問題の十分性が満たされることになります（ただし、どのチームとどのチームの試合が引き分けだったのかは確定しません）。入試問題のように検証された問題の場合、十分条件が満たされないことはまずありませんが、現実世界の問題を解こうとする場合には、必要条件は満たしたものの十分条件が満たされず、実は答えが存在しないと判明することはよくあるので、注意が必要です。

チーム	勝ち	引き分け	勝ち点
A	2	2	8
B	2	1	7
C	1	1	4
D	5	0	15
E	0	2	2
F	1	2	5

答え　4試合

発展問題の解説は次頁→

【発展問題の解説】

（1）1回目の入れ替えでは同じ席になる人はいません。2回目の入れ替えでもとの席に戻るためには、1回目と同じ人とペアにならなければなりません。1人がもとの席に戻るとき、必ずそのペアの人ももとの席に戻ることになります。つまり、もとの席に戻る人の数は必ず偶数である、ということです。このため、もとの席に戻る人が11人ということはあり得ないのです。「11という数だけがダメ」なのではなく、「同じ席になる人数は必ず偶数なので11はダメ」ということです。

（2）ここまでにわかったことを先の例のように命題として扱うと、

「同じ席になる人がいる」ならば「それらの人数は偶数になる（0もふくむ）」

となります。後者が前者の必要条件になっていることは（1）で示されていますし、前者が後者の十分条件になっていることについても、例えば同じ席になる人が0人や2人の場合で成り立つことは容易にわかりますから、この命題は正しいといえます。

しかし、（2）の設問では「同じ席に座っている生徒の人数として考えられるものをすべて答えなさい」とあるので、同じ席になる必要十分条件を示さなければなりません。必要十分条件とは「『ｐならばｑ』かつ『ｑならばｐ』」となる場合のｐとｑの関係のことです（ｐはｑの、そしてｑはｐの必要十分条件）。

つまり、（2）の設問の場合には、

・「この席替え法で同じ席になる人がいる」ならば、「それらの人数は○人か、○人か…の場合のいずれか」

・「同じ席になる人の人数が○人か、○人か…の場合のいずれか」ならば、「この席替え法で同じ席になる人がありうる」

が両方とも成り立つような「○人か、○人か、…の場合のいずれか」という条件を探さなければなりません。

同じ席になる人が偶数であることは、同じ席の人が生じることの必要条件ですが十分条件ではありません。すぐに、クラスの人数を超える22人以上が同じ席になることはあり得ないことが思いつくでしょう。20以下の偶数についても検証してみると、18人がもとの席に座ったときは、残る2人ももとの席に戻ることになるので、ありえる人数は、0人, 2人, 4人, 6人, 8人, 10人, 12人, 14人, 16人, 20人です。「18人が同じ席であとの2人は違う席」は本当にあり得るのか、という視点が最後の最後に効いてくる問題ですね。

多くの問題では、十分条件を考えなくても解けますが、この問題では、十分性を感覚的に理解しているかを試しています。一般に、先に必要条件を求めるよう誘導したあとで、必要十分条件を求めさせる問題では、このような十分性の確認をしなければなりません。

答え **0人, 2人, 4人, 6人, 8人, 10人, 12人, 14人, 16人, 20人**

37 虫食い算2

```
  □□4 ①
×  9□ ②
  8□□ ③
□□□□  ④
□5□□2 ⑤
```

⑤の一の位が2なので、③の一の位も2。したがって、「①の一の位（＝4）」に「②の一の位」をかけた数の一の位は2となります。「4×□」の答えの一の位が2となるのは、□が3か8の場合のみです。

②の一の位に8を入れると③から、「□□4×8＝8□□」となるはずなので、①の百の位は1となります。また①の十の位の数は0か1でないと③の百の位が8を超えてしまいます。よって、①は104か114です。ここで④が4桁であることを考えると①は114と決まります。

以上から①＝114、②＝98となりましたが、114×98＝11172となり⑤に合いません。つまり、②の一の位は8ではないということになります。

次に②の一の位が3の場合を考えます。「□□4×3＝8□□」となるので①としてありうるのは274, 284, 294の3通りです。一つ一つ考えていくと、

274×93＝25482

284×93＝26412

294×93＝27342

となるので、⑤と一致する

274×93＝25482

が答えです。

答え

```
  274 ①
×  93 ②
  822 ③
2466  ④
25482 ⑤
```

38 不思議なポケット

（1）操作を繰り返すと、ビスケットの数は

25→26→13→14→7→8→4→2→1

となるので**8回**

（2）結果個数が7である場合、その1段階前の中間個数（つまり1回たたいて7になる数）は14のみ。中間個数14の1段階前の中間個数は28または13の2通り。

このようにさかのぼっていくと

7→14→（28, 13）→（56, 27, 26）→（112, 55, 54, 52, 25）

つまり、最初個数は全部で5通りあることがわかります。そのうち偶数は3通りです。

（3）これまでの操作から、たたく回数が1回のとき、結果個数が2のときを例外として（クッキーが1個のときはポケットをたたかないため）、

結果個数が奇数になるのは最初個数が「結果個数の倍の数（偶数）」のときのみ

結果個数が偶数になるのは、最初個数が「結果個数より1小さい数（奇数）」か「結果個数の倍の数（偶数）」の2通り

とわかります。これはたたく回数が2回以上のとき、

奇数の中間個数が1通りあった場合、その1段階前の中間個数は1通りの偶数

偶数の中間個数が1通りあった場合、その1段階前の中間個数は奇数と偶数の2通りになる

ということを意味します。

例えば中間個数26（偶数）の1段階前の中間個数は52（偶数）と25（奇数）の2通りです。中間個数23（奇数）の1段階前の中間個数は46（偶数）の1通りです。また2は偶数ですが、その1段階前は4のみです（1→2という操作は考えないため）。

この法則にしたがって偶数／奇数の中間個数がそれぞれ何通りあるかだけを考えながら、さかのぼっていきましょう。

次頁につづく→

	0回	1回	2回	3回	4回	5回	6回	7回	8回	9回	10回
奇数の種数	1	0	0	1	1	2	3	5	8	13	21
偶数の種数	0	1	1	1	2	3	5	8	13	21	34
合計数	1	1	1	2	3	5	8	13	21	34	55

※表の「回」は「さかのぼった回数」を表します。たとえば「3回」は、結果個数から3回分さかのぼったという意味です。

このように表から、答えは55通りとわかります。

ちなみに、表の「合計数」に登場する数は「フィボナッチ数」になっていますね。高校で習う「漸化式」を用いると、

$a_1=1$

$a_2=1$

$a_{n+2}=a_{n+1}+a_n$

で表される数列a_nをフィボナッチ数と呼びます。現れる数列を具体的に書き下すと

1,1,2,3,5,8,13,21,34,55,89…

のようになります。前の二項を足してできる数列、ということですが花びらの数など自然界の現象に数多く出現することで有名な数です。

答え　**（1）8回**

（2）5通り、3通り

（3）55通り

39 相撲のけいこ

2回連続で同じ人がけいこをしないので、1回目と3回目にはAB、AE、BEのいずれかが入りますが、7回目にAEがすでに組まれているのでABとBEのどちらしかないとわかります。同様に6回目と8回目はBC、BD、CDのいずれかが入りますが、2回目にCDがすでに組まれているのでそれぞれBCとBDのどちらかとなります。これより、9回目にはAD以外は入らないことがわかります。

9回目にDが入るので、8回目はBCに、そして6回目はBDに確定。同様の考え方で5回目はAC、4回目はDE。

4回目にEが入るので、3回目はAB、1回目はBEとすべてが決まります。よってけいこの組合せは下の表のようになり、1回目のけいこは BとE です。

1回目	2回目	3回目	4回目	5回目
BとE	CとD	AとB	DとE	AとC

6回目	7回目	8回目	9回目	10回目
BとD	AとE	BとC	AとD	CとE

答え BとE

40 からくり足し算

極端なところに目をつけるというアプローチが有効な問題です。この問題の場合では「最も制約が厳しいところ」に注目します。いちばん厳しい制約は、いちばん上の列で7を作ることですね。7を作る組合せを考えると、｛1, 2, 4｝しかありません。さらに、9を含む3つを使って19を作るとすると、｛3, 7, 9｝しかありません。それぞれの作り方は、次のように決定してしまいます。

7＝｛1, 2, 4｝　19＝｛5, 6, 8｝　19＝｛3, 7, 9｝

これらを踏まえて、たとえば2列目が｛3, 7, 9｝の組合せになる配置になるよう、もとのならび方からどの数字をどの列に移動しなければならないかをまとめると、下の図のようになります。

ここまで考えられれば、あとはパズル感覚で試してください。移動の仕方に対称性があることに気づけば、この配列の場合［A→B→C］と［D→C→B］の2つが答えになることがわかります。1つ答えられれば正解です。

2列目が｛5, 6, 8｝の組合せとなる配置で同様の図を描いて比較してみると、手順はより複雑になりそうなことが予想できますが、その場合でも［B→A→D→D］が答えとなります。

どちらの配置でも、ボタンを2回押すだけでは移動が終わらないことは明らかなので、最少手数は3回です。

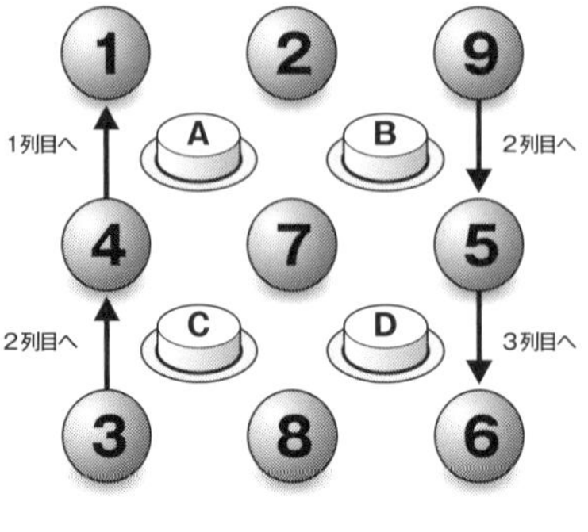

答え

［A→B→C］、［D→C→B］
（1つ答えられれば正解）

41 リバーシ

「解き方の方針」では条件を整理して書きましたが、実際にこれに気づくには、試行錯誤が必要でしょう。

端から順々に反転してみれば「最低でも4手は必要」であることに気づきます。次に、「果たして4手でどうにかなるか」を実験してみて、不可能であること、どうしても1個あまってしまうことがわかります。つぎに「なら5手ではどうか？」ということを考えます。

一通り試行錯誤したら、なぜ4手以下ではできないのか、ということを考えて、条件を要約してみます。

黒は白に、白は黒に、黒は白に…と、要するに、どの石もすべて反転しています。偶数回反転するともとに戻ってしまいますから、すべての石は奇数回ずつ反転していることになります。各石の反転回数がどれも奇数でなければならず、石の数も奇数個で、一度に反転する石の数は3なので、手数は「奇数を奇数個足した合計を3で割ったもの」となり、これは必ず奇数のはずです。最初の試行錯誤から「最低でも4手必要」であることがわかっていて、さらに「手数は奇数」なので、「手数は5手以上の奇数」であると示されました。

あとは5手で可能かどうか、実験で十分性を示します。下の図は、☆印で「その回で反転した石」を表しています。いちばん下の数字は、それぞれの石の反転された累計回数を表しています。これがすべて奇数になっていれば、すべての石がもとの裏になっていることになります。実験してみると、このように5手ですべてをひっくり返すことが可能であるとわかります。

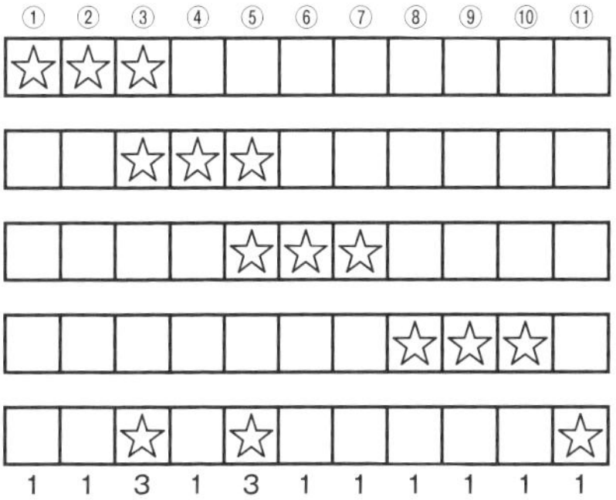

答え 5手

42 展開図から求積

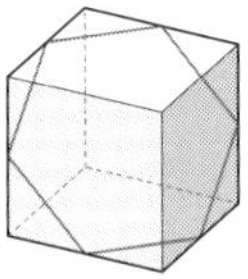

立方体を左図のように各辺の中点を通る面で切断すると、下図の２つの立体に分かれます。

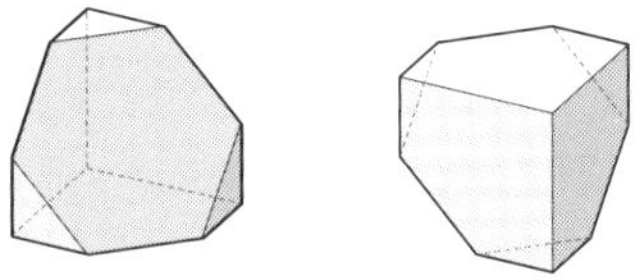

問題の展開図は、この２つの立体に一致します。一辺1cmの立方体の半分なので、1/2cm^3 です。

答え **1/2cm^3**

【発展問題の解説】

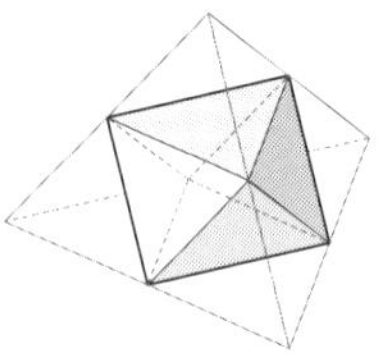

（1） Bは正八面体で、正四面体から左図のように４つの小さい正四面体を切り取った立体とも言えます。

Aは正四面体から、３つの小さい正四面体を切り取った形です。

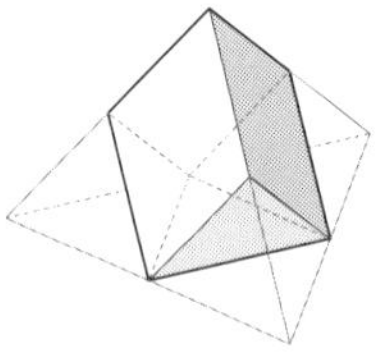

小さい正四面体ともとの正四面体の体積比は1：8なので、A：B＝（8－3）：（8－4）となり、AはBの1.25倍です。

（2） 底面が6cm×6cmの正方形、高さが3cmの直方体から、三角錐を４つ切り落とした立体です。体積を計算すると、

$$6\times6\times3-3\times3\div2\times3\div3\times4=90\text{cm}^3$$

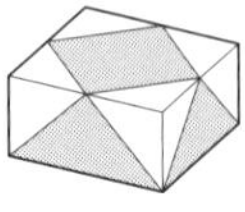

答え **（1）1.25倍　（2）90 cm^3**

43 電車すごろく

2回目のサイコロが「1」でB駅に着いたので、1回目のサイコロで6駅移動したあとにいる可能性のある駅は

①A駅　②C駅　③D駅

のいずれかです。それぞれの駅についてG駅からの経路数を考えていきます。

①6駅目がA駅のとき、必ず5駅目はB駅を通過します。4駅目としてはC駅かD駅があります。

(a) 4駅目がD駅のとき、G→(I→F)→G→D
G→(C→E)→G→D　の**4通り**。

(b) 4駅目がC駅のとき、G→(I→F)→G→C
G→C→E→G→C　の**3通り**。

※ただし、(　) 内の順路は右回りと左回りの2通りがあります。

②6駅目がC駅のとき、5駅目はB駅かE駅かG駅を通過します。

(c) 5駅目がB駅のとき、4駅目はA駅かC駅かD駅ですが、このうちA駅とC駅は1回のサイコロの目で進むうちにもと来た線路を戻ることになるので不可です。4駅目として可能なのはD駅のみで、ここまでの経路は(a)と同じで**4通り**です。

(d) 5駅目がG駅のとき、G→(D→B→C→E)→Gの**2通り**。

(e) 5駅目がE駅のとき、G→(J→K→H)→G→E
G→(D→B→C)→G→E　の**4通り**。

③6駅目がD駅のとき、5駅目はB駅かG駅を通過します。

(f) 5駅目がB駅のとき4駅目はD駅かC駅ですが、D駅はもと来た線路を戻ることになり不可です。4駅目として可能なのはC駅のみで、ここまでの経路は(b)と同じで**3通り**。

(g) 5駅目がG駅のとき、G→D→B→C→E→Gの**1通り**。

以上より、21通り。

答え　**21通り**

44 困った嘘つきはだれだ？

4人の発言を再掲しましょう。

りゅうじ：「ともや君は嘘つきでたくま君は正直だよ」

しゅんすけ：「りゅうじ君は嘘つきでたくま君は正直だよ」

ともや：「たくま君は嘘つきでしゅんすけ君は正直だよ」

たくま：「しゅんすけ君は嘘つきでりゅうじ君は正直だよ」

嘘つきは、本当のことを言うか嘘を言うかわからないので、仮定をおいて矛盾を探していく際には嘘つきの発言内容について検証する必要がありません。よって、仮定もある特定の人を正直者と仮定して進めていくことになります。

りゅうじ君が正直者だとすると、ともや君は嘘つき、たくま君は正直者となります。すると、たくま君の発言から、しゅんすけ君は嘘つき、りゅうじ君は正直者となり、矛盾はありません。

【別解】

推理問題では多くの場合、「極端なところから突破口を見出す」という方略が有効です。極端なところとは、言い換えると、「情報量が多い」ということです。

4人の発言内容を注意して見てみると、情報に偏りが見られます。そこで、情報の多いたくま君に注目します。すると、たくま君がもし嘘つきだとすると、たくま君のことを正直だと言っている、りゅうじ君、しゅんすけ君が嘘つきになり、嘘つきは3人以上になり問題の設定である嘘つきは2人と矛盾するので、たくま君は正直者です。

たくま君の言っていることは正しいから、りゅうじ君も正直者となります。残る2人が嘘つきになり、4人の証言に矛盾はありません。

答え　しゅんすけ君とともや君が嘘つき

（※しゅんすけ君の言っていることのうち片方は正しく、片方は嘘。ともや君の言っていることは両方とも嘘）

【発展問題の解説】

5人の発言を再掲します。

A：「C と D は嘘をつかない」

B：「C は嘘つきだ」

C：「D は嘘つきだ」

D：「E は嘘つきだ」

E：「B と C は嘘つきだ」

このうち正直者は2人です。嘘つきの発言内容は、本当か嘘かわからないため、矛盾を探す際には考慮する必要がありません。Aが正直者なら、CとDも正直者となってしまいますが、正直者は2人なので、矛盾してしまいます。

Bが正直者なら、Cは嘘つきになります。その上で、Dが正直者ならEは嘘つきとなり、矛盾はありません。Bが正直者という前提でEが正直者とすると、矛盾します。…というように検証していくと、答えは1つに絞れます。

答え　正直者はBとD

45 九角形の面積

（1） 下図のように補助線を引くと、外側の直角三角形PQR、△PAB、△DQC、△EFRはすべて△GHIと相似で、各辺の比が3：4：5の直角三角形だとわかります。CD、DE、EFの長さから$QR = 15 \times \frac{4}{5} + 13 + 4 \times \frac{5}{4} = 30$がわかり、PQ ＝ 40、PR＝50。PQの長さからBC＝21と求まります。

（2） △PQRの面積はPQ × QR ÷ 2＝30 × 40 ÷ 2から、600 cm^{2}とわかります。また△PQRの面積から4つの余分な三角形、△PAB、△GHI、△EFR、△DQCのすべての面積を引くと、

$600 - (6 \times 8 \div 2 + 12 \times 16 \div 2 + 3 \times 4 \div 2 + 9 \times 12 \div 2) = 420$

したがって、420cm^2。

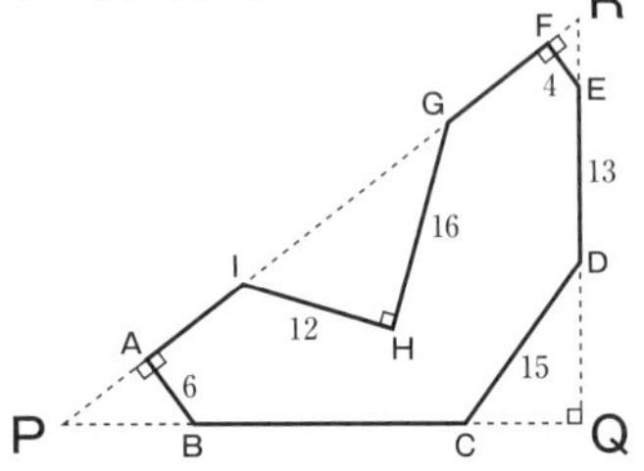

答え **（1）21cm**
（2）420 cm^2

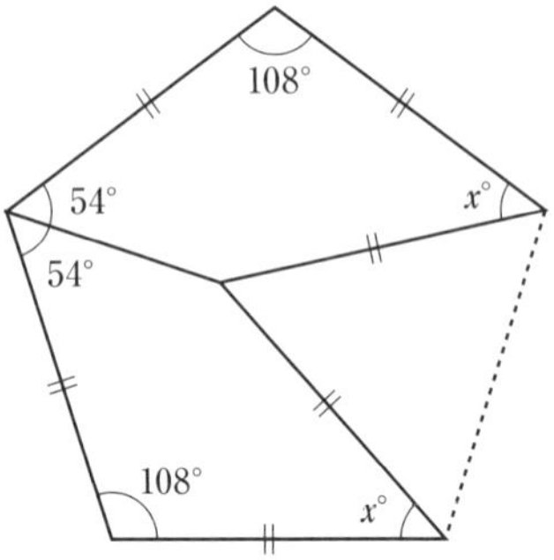

【発展問題の解説】

図のように、同じ図形を反転して貼り付けると、全体に正五角形が見えてきます。

また、欠けた部分は正三角形になります。したがって、

x＝108－60＝48

答え **48°**

46 あかずの踏切

上下合わせて6線が通過する分時刻ができるだけ重ならないように配置すれば、踏切の開いている時間は最も短くなります。

下の表のように各線の通過間隔の最小公倍数である20分という1周期を考え、電車の通過を調べます。A線（4分間隔）の上下の通過時刻をずらすやり方は1分ずれと2分ずれの2通りあります。A線の1本目は時刻1分に通過するとします。

B線（5分間隔）は20分で4回踏切を通過しますが、A線上下のずれ方がどちらの場合でも、B線上下は最大で各2回ずつA線が通過しない時刻に踏切を通過します。たとえば、A線上下が1分間のずれで運行するとき、B線上りがはじめて3分に通過したとすると、3分と8分でA線が通過しない時間に踏切を通過することになります。C線（10分間隔）はA線上下のずれが1分のときには、上下線で最大各1回ずつ、A線・B線が踏切を通過しないときに通過します。A線上下のずれが2分のときには、最大で2回ずつ、A線・B線が通過しない時間に踏切を通過します。

したがって、踏切が開いているのは20分のうち最低で2分間なので、1時間では最低で2×3＝6分間となります。

1分	2分	3分	4分	5分	6分	7分	8分	9分	10分
A上り・C上り	A下り・C下り	B上り	B下り	A上り	A下り		B上り	A上り・B下り	A下り
11分	12分	13分	14分	15分	16分	17分	18分	19分	20分
C上り	C下り	A上り・B上り	A下り・B下り			A上り	A下り・B上り	B下り	

1分	2分	3分	4分	5分	6分	7分	8分	9分	10分
A上り	B上り	A下り	B下り	A上り	C上り	A下り・B上り	C下り	A上り・B下り	
11分	12分	13分	14分	15分	16分	17分	18分	19分	20分
A下り	B上り	A上り	B下り	A下り	C上り	A上り・B上り	C下り	A下り・B下り	

答え　6分間

発展問題の解説は次頁→

【発展問題の解説】

踏切が開いている時間を最大にするということは、各線の上下が同時に踏切を通過し、さらにA線、B線、C線どうしも可能な限り同時に踏切を通過するということです。20分周期の中では、A線とB線の間隔の最小公倍数が20なので最大で1回だけ同時に踏切を通過し、C線は間隔がB線のちょうど2倍のため常にB線と同時に踏切を通過するようにできます。

この配置では踏切が開いているのは20分のうち最大で12分間なので、1時間では最大で12×3＝36分間となります。

1分	2分	3分	4分	5分	6分	7分	8分	9分	10分
A･B				A	B･C			A	
11分	12分	13分	14分	15分	16分	17分	18分	19分	20分
B		A			B･C	A			

答え　36分間

47 スーパー虫食い算

かけられる数（6けたの数）をA、積（7けたの数）をBとすると、

A×3＝B　（＊）

よりBは3の倍数。したがってBの各けたの和も3の倍数です。与えられた数（2, 5, …）をすべて足すと90（＝3の倍数）なのでAの各けたの和も3の倍数。したがってAは3の倍数です。

もう一度（＊）の式に当てはめて考えると、Aが3の倍数より、Bは9の倍数であり、Bの各けたの和も9の倍数。与えられた数の和は90（＝9の倍数）なので、Aの各けたの和も9の倍数となります。ここで決定的な必要条件が求まりました。つまり、

AもBも9の倍数（Bは27の倍数）

です。9の倍数の性質を使い、AもBも各けたの和は9の倍数になるので、AとBの各けたの和のとりうる値について、条件がかなり狭められました。Bの最上位の数は繰り上がりのみなので「2」しかありえません。また残った12個の数（5, 6, 6, 6, 7, 7, 8, 8, 8, 9, 9, 9）でつくることのできる6けたの数の、各けたの和の最大値と最小値を考えると、

和の最小値は5＋6＋6＋6＋7＋7＝37

和の最大値は9＋9＋9＋8＋8＋8＝51

となります。A（6けたの数）の各けたの和は上記の2つの数の範囲にある数です。また、B（7けたの数）の各けたの和は最小で37＋2＝39、最大で51＋2＝53です。しかし、AもBも9の倍数なので、それぞれの各けたの和も9の倍数。そしてこの範囲にある9の倍数は45しかありません。したがって答えは、Aの各けたの和＝45、Bの各けたの和＝45となります。

例えば、

896589×3＝2689767

が虫食い算の答えとしてあてはまります。

答え　Aの各けたの和＝45、Bの各けたの和＝45

48 穴の開いた水そう

水そうBの水量が最大になったとき、

［水そうAの穴から入ってくる流量］＝［水そうBの穴から出ていく流量］

となります。Bの底面積はAの2倍であることから、両者の流量が同じとき、Aの水量はBの半分です。

水そうAの水量は15分間で120Ｌから60Ｌへと半分になります。30分後のAの水量はさらに半分となり、60×1/2＝30（Ｌ）となります。よって、30分後の水そうBの水量は30×2＝60（Ｌ）であり、水そうBから流れ出た水の量は

120－30－60＝30（Ｌ）

となります。

答え　30L

この問題は30分後に水そうBの水の量が最大になるという条件を用いていますが、実際に30分後に最大になるということは微分方程式と呼ばれる方程式を解くことによって示せます。

t分後に水そうAにたまっている水量をA、水そうBにたまっている水量をB、水そうBから流れ出た水量をCとすると、微分方程式を解くことによって、

$$A = 120 \times 2^{-\frac{t}{15}}$$

$$B = 240 \times (2^{-\frac{t}{30}} - 2^{-\frac{t}{15}})$$

$$C = 120 \times (1 + \frac{1}{2} \times 2^{-\frac{t}{15}} - 2 \times 2^{-\frac{t}{30}})$$

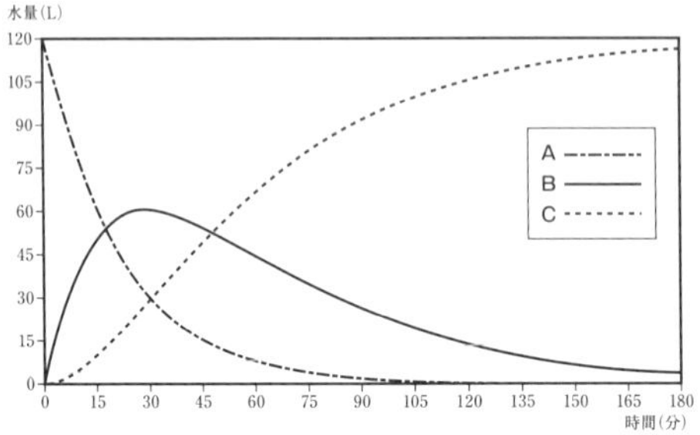

となりグラフに描くと左図のようになることから、確かにBは30分後に最大になるとわかります。

49 変な形

グレーの部分を図1のように4つ重ねると、外側にCを中心とする円ができて内側に一辺2cmの正方形ができる。

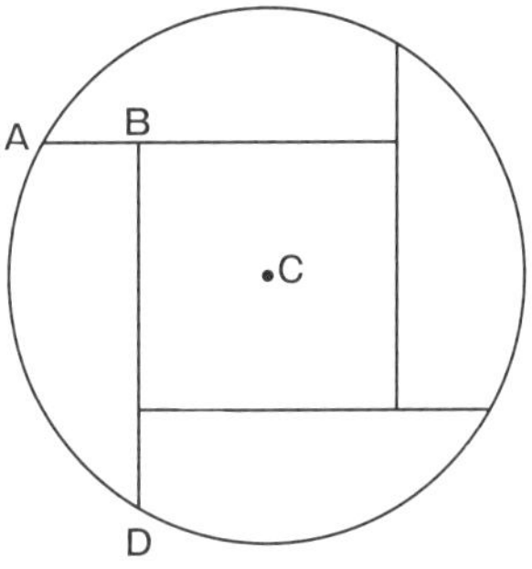

図1

図2のように、Cから直線ABへの垂線の足をEとすると、BE ＝ EC ＝ 1cm。∠BAC ＝ 30°なので、AC ＝ 2cm

図1の円の面積から正方形の面積を引いて、4で割ったものが斜線部の面積であり、

$(2 \times 2 \times 3.14 - 2 \times 2) \div 4 = 2.14$ (cm²)

となります。

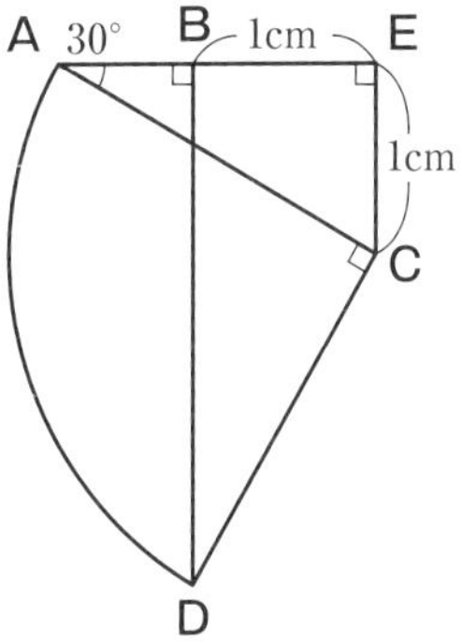

図2

答え 2.14cm²

50 0～9の時間

月の十の位は「0」か「1」、時の十の位は0か1か2です。また、**01日から31日までのうちで「0」と「1」と「2」をすべて使わないことはありません**。したがって、**月の十の位、時の十の位、日で「0」と「1」と「2」はすべて使われてしまいます**。これより月は03月～09月であるとわかり、**月の十の位は0と決定できます**。

時が23までしかないため、時の十の位が「2」のとき一の位は「3」となります。このため時の十の位の場合分けによって次の2つの場合に絞られます。

	月		時		日	
番号	十の位	一の位	十の位	一の位	十の位	一の位
①	0	自由	1	自由	2	自由
②	0	自由	2	3	1	自由

分、秒ともに1から59までであることを用いると分、秒の十の位は「3」か「4」か「5」に絞れます。月、日、分、秒の一の位などの残りの数についてはあまった数を自由に使うことができます。

	分		秒	
番号	十の位	一の位	十の位	一の位
①	3,4,5	自由	3,4,5	自由
②	4,5	自由	4,5	自由

例えば①の場合は、秒の十の位の選択肢が3通り、分の十の位が2通り（秒の十の位で使った数字は使えなくなるので）、このほかに自由に選択できる数字が5つあってそれぞれ月の一の位や時の一の位など5ヵ所のどこにでも入れられます。複数のものを自由に並べる「順列」の場合の数は「階乗」で表せることが知られています。5つのものの並べ方の場合

の数は、5の階乗、つまり$5! = 5 \times 4 \times 3 \times 2 \times 1 = 120$（通り）です（5!は「5の階乗」という意味です）。よって、①の場合は$3 \times 2 \times 5! = 720$（回）あることがわかります。同じように、②の場合は$2 \times 1 \times 4! = 48$（回）と求められます。

したがって、求める回数は

$$3 \times 2 \times 5! + 2 \times 1 \times 4! = 768 \text{（回）}$$

答え　768回

51 割り勘

BがAに払う額とAがBに払う額の差が1人の払う額になると気づくことがこの問題を解くカギです。このことは何を意味しているかというと、BがAに払う額、AがBに払う額の組合せの数がそのまま合計金額の場合の数だということです。

また、**BがAに払うお金と、AがBに払うお金で、同じコイン・紙幣を使うことはありません**。この性質が、今回の問題における最大の必要条件です。

A	B
760	①1000
750	①10　20　☆1000　☆1010　1020
710	1000
700	10　20　1000　1010　1020
660	1000
650	10　20　1000　1010　1020
610	⑨1000
600	⑬10　20　⑦1000　⑥1010　1020
560	②100　⑤1000　③1100
550	③10　20　④100　⑤110　120　④1000
	②1010　1020　☆100　1110　1120
510	⑥100　⑦1000　⑬1100
500	⑦10　20　⑧100　⑨110　120　☆1000
	☆1010　1020　☆1100　☆1110　☆1120
260	①1000
250	⑩10　20
200	10　20
150	10　20
100	⑪10　20
60	⑫100
50	⑫10　20　☆100　☆110　120
10	⑪100

☆印は片方が単独で払えてしまうので、除外。
マル数字は、500－100と1000－600が等しくなってしまうことなどによる重複。

したがって、**同じ種類のコインを使わずに、760円未満のＡとＢの選び方が何通りあるか**、と問題文を変更できそうですが、実は先ほどの必要条件は十分条件でなく、例外があります。例外の一例は500円玉1枚と1000円札1枚を交換するときです。このような場合、問題文にある「2人とも自分が払う分をおつりがないように払う金額は持ち合わせていませんでした」という条件を満たさず、Ａが自分の払うぶんをおつりなしで払えてしまいます。

同じ種類のコインは使わずに、ＡとＢの払い方（Ａの支払額はＡの持ち金より760円未満）が何通りあるかを、Ａの支払額の大きい方から順に調べていきます。

答え 45通り

◎問題作成協力　（肩書きは2013年4月現在のもの）
林峻（東京大学在学）
服部展知（東京大学在学）
倉林空（東京大学在学）
今井響（東京大学在学）
長島正幸（早稲田大学在学）
東郷拓巳（早稲田大学在学）
梅崎隆義（花まる学習会）

◎図版作成
広田正康

◎本文デザイン・DTP
赤岩桃子（津嶋デザイン事務所）

著者略歴———

高濱正伸《たかはま・まさのぶ》

花まる学習会代表。1959年、熊本県生まれ。東京大学大学院修士課程卒業。93年に、学習教室「花まる学習会」を設立。算数オリンピック問題作成委員・決勝大会総合解説員。著書に『考える力がつく算数脳パズルなぞペー①②③』、同シリーズの『鉄腕なぞペー』『空間なぞペー』『みみなぞ』(以上、草思社)、『伸び続ける子が育つ お母さんの習慣』(青春出版社)、『わが子を「メシが食える大人」に育てる』(廣済堂出版)、『小3までに育てたい算数脳』(健康ジャーナル社)など多数。

川島　慶《かわしま・けい》

1985年神奈川県生まれ。栄光学園高校・東京大学・同大学院卒。大学生の頃より花まる学習会の問題作成にアシスタントとして参画、頭角を現す。花まるグループに入社後、花まる学習会低学年・高学年授業の教室長、スクールＦＣ最難関中学受験講座「スーパー算数」の講師など、幅広く活動を続ける。高濱との共著に『考える力がつく算数脳パズル　整数なぞペー　小学４～６年編』(草思社)、『東大脳ドリル』シリーズ(学習研究社)がある。

これが解けたら気持ちいい！

大人の算数脳パズル なぞペー

2013年4月20日　第1刷発行

著　者　高濱正伸・川島　慶
装幀者　赤岩桃子(津嶋デザイン事務所)
発行者　藤田　博
発行所　株式会社草思社
〒160-0022　東京都新宿区新宿5-3-15
電話　営業 03(4580)7676　編集 03(4580)7680
振替　00170-9-23552

印　刷　中央精版印刷株式会社
製　本　大口製本印刷株式会社

ISBN978-4-7942-1971-8　Printed in Japan　検印省略

http://www.soshisha.com/